李义天　张远航◎主编

# 中国近代伦理学文献丛刊

第二部分·第四册

CCTP
中央编译出版社
Central Compilation & Translation Press

# 出版说明

中国近代伦理学文献丛刊共计收录中国近现代伦理学文献三十二种，分作四辑，每辑所收文献按当时出版时序排列。本次整理，皆按底本影印，以存文献版本旧貌。底本原文或有舛错，本次整理未予订正，如伦理学（斯宾挪莎著，伍光建译）第一册第十一题目录作『神或本质原为无限属性所备造而成者而每一个属性则是发表永恒及无限然则神或本质要素者是必然有者』，但正文却为『神或本质原为无限属性所备造而成者而每一个属性则是发表永恒及无限然不神或本质要素者是必然有者』，虽神与不神仅一字之差，但意迥然不同；又如日本元良勇次郎著伦理学第二十四章目录作『纳税兵役之义务』，而正文却为『国家伦理　纳税与兵役之义务』，差异明显。此外，底本皆为繁体中文，本次整理，唯前言、目录及书眉等整理文字，为适宜今人阅读，皆作简体中文。特此说明。

# 前言

李义天

中国有着悠久的伦理文化传统与伦理思想传统。自先秦、经汉唐、至明清，前人先贤围绕善恶、是非、义利、廉耻等问题展开的讨论及其形成的知识成果，为我们留下了丰厚的文化遗产与思想资源。在这个意义上，作为一门学问的伦理学，在中华学术谱系中始终存在。然而，作为一门学科的伦理学，对于中国学术来说，却是一件近代以来才发生的事情。

学问的确立可以是学者个人的成就，但学科的确立却与学术制度的转型、学术形态的自觉，以及学术背景的更替密切相关。这些方面都必须在近代中国社会的语境中得到理解。具体而言：

其一，作为一门学科的伦理学，奠基于近代教育制度和教育体系的发展。正是在近代教育制度和教育体系（尤其是大学教育体系）的『学科化』进程中，细密的学科划分逐渐形成，清晰的学科意识逐渐确立。由此，学者对知识的探讨，不再意味着单纯的研究，而是建制上的学科建设。对近代中国学人而言，『伦理学』概念的出现以及学科的形成，正是近代中国在文明碰撞之间吸纳、改造近代教育体系及其学术制度的现实产物。

其二，作为一门学科的伦理学，不仅需要具备专门的研究题材与研究方法，更要有针对这些题材与方法的自觉总结和反思。因此，仅仅探讨有关善恶的问题、论证关乎善恶的要求，或许能够形成伦理学学问的主要框架，但不足以构成伦理学学科的完整内容。作为学科的伦理学，还必须在探讨和论证具体命题的基础上，对其背后的理由与方法加以提炼与批判。要做到这一点，则必须梳理、评析已有的观点与路径。在这个意义上，近代中国学人对伦理学方法论和伦理学思想史的研究自觉，乃是这门学科在近代中国初步成型的必要条件。

其三，作为一门学科的伦理学，无论是涉及教育体系与知识门类的『学科化』，还是涉及研究方法与思想历程的『自觉化』，都必须置于中国与世界交往的近代语境中来理解。在『作为学问的伦理学』向『作为学科的伦理学』的转变过程中，近代中国学人对西方伦理史籍的大规模翻译、对当时国外学界新近文献（尤其是思想史著作）的批评性介绍，以及他们立足本土而展开的系统阐释与重构，无疑是最重要的内在动力。这些动力及其带来的转变，恰恰是在近代中国的特定历史背景下，作为一系列近代事件而发生的。

因此，要理解作为一门学科的伦理学在中国的起步与发展，就必须对近代中国伦理学的理论实践加以关注。其中，最为基础的一项工作便是对当时研究和译介的基本文献进行搜集、整理与汇编。可以说，只有做好这项工作，我们才能印证中国伦理学学科所具有的近代性质，才能描述中国传统伦理思想向现代人文学科范式的转变过程，才能理解过去一百五十年间中国伦理学发展的曲折与波动，也才能帮助我们在此基础上推进当代中国伦理学的学术研究与学科建设。作为历史资料，这些近代文献对于直面历史、正视历史并希望能从历史中汲取经验的每一位伦理学人来说，都是无法忽视和规避的。

基于上述考虑，我们从二十世纪上半叶的相关文献材料中，择取了三十余部作品，分作四辑，每辑依其出版年序加以汇编整理。根据题材类型，它们大致被分为四类：

（一）史籍类。主要包括近代中国学人对西方伦理思想若干重要文献的翻译作品。它们可以映射出，当时的中国伦理学人在面向西方伦理思想时所采取的关注视角与选择范围。

（二）史论类。主要包括当时具有一定影响的伦理思想史研究著作。就内容主题而言，其中既有关于西方伦理思想史的研究，也有关于中国伦理思想史的研究；就出版类型而言，既有中国学者的原创研究，也有对同时期外国学者的成果译介。它们可以展示出，当时的中国伦理学人所接受的伦理思想史框架及其主要线索。

（三）著述类。主要包括近代中国学人对伦理学基本问题的思考和阐发。其中不仅含有一些导论性、概论性作品，也涉及一些基于特定立场或针对特定领域的研究专著。它们可以反映出，当时的中国伦理学人对伦理学整体或其分支的基本判断和理解深度。

（四）讲稿类。主要包括当时使用的若干伦理学讲义或教材。同样地，这一部分也是既包括中国学者或教育者的作品，也包括当时翻译过来作为教材或教学资料使用的文本。它们可以体现出，当时的中国伦理学学科教育所涉及的大致范围和程度。

值得特别强调的是，作为近代中国的思想文献，其在内容和表述上不可避免地存在这样或那样的历史局限。如今看来，其中有些说法和论证并不恰当甚或错误。但是，这也恰好体现了伦理学作为一门人文学科所无法摆脱的历史性与经验性，也再次证明了唯物史观关于道德学说在根本上受制于社会发展这一判断的有效性与正确性。因此，基于对历史事实的尊重，我们最大限度地将这些文献循其原貌，汇编成册，影印出版。我们期待，当代学人不仅能够抱着历史的眼光去认真地观察和理解它们，更能抱着历史的眼光去严肃地批判与剖析它们。只有这样，当代中国的伦理学研究才更可能去粗取精、去伪存真，也才更可能自成一体，贯通古今，奔向未来。

壬寅春于清华园

# 教育倫理學

# 自序

本書的體裁及其要旨，在開篇第一章及第二章中，大體都已講過了，此處所想補充的，祇是關於個人希望上的幾句話，即個人切盼讀者諸君對於此中所提到的各種問題，能就下列數點作一個共同的研究：

一、如何運用近代各種科學的成果來批評過去的道德觀念，并如何運用科學的方法以樹立新道德之體系；

二、如何將牠運用到實際的教育上去；

三、道德教育上的教學方法和訓練方法究應如何。

這幾點，雖都是本書的主要目的，但我還沒有想出什麼解決的辦法，換言之，即對於此種問題，在我個人的希望，當非僅以理論的敍述爲止，還想更進而爲一種實際上的探討。如果讀者諸君，尤其是中小學校的教師，辦理社會教育的人們，和對於此種問題抱有興趣的人們，能將上述各點一一加以實驗，我敢相信此後的道德教育必定可以發見一個新的方向。

又我們若想喚起民族的精神，和提高國民的道德，就不可不自家庭始。所以我還希望一般的家庭也統統能夠參加這種的實驗，俾兒童對於家庭的任務和倫理的觀念，得有一種新的認識和了解。更由是而學校，而社會，整個兒的再來一個大大的改造，這就是我的幻想中的一個最大的滿足了。然而，這也許是一種的奢望，或許是一種的空想，但我仍不避素朴幼稚之嫌，老老實實將牠寫了出來，姑作爲此書的序言。中華民國二十一年五月二十二日，稿成，記於北平。

# 目次

# 前編　理論問題

## 第一章　教育倫理學的意義及其範圍

### 一　引論

從教育的立足點來討論關於倫理學的理論上和實際上的各種問題，不獨要比一般倫理學的範圍來得寬泛得多，而且還要比普通倫理學的敍述來得困難得多。何以呢？第一，因爲關於這種方面的專著，東西學界也還很少；第二，因爲範圍廣泛，參考的材料又雜，所以要想樹立一個條理井然的系統，的確不是一件容易的事情。現在祇好就管見所及，將教育倫理學上應該顧慮到的各點，先來敍述一下。

第一，所謂教育倫理學的問題，不僅僅是說到教育和倫理學的關係，而是要從教育的立足點上來討究有關倫理學的各種問題。因之，除倫理學的本身問題，即道德的本質問題之外，對於最近有關此種問題之教育新思潮，亦自不能不有所顧及。不寧唯是，教育倫理學如一應用到實際問題上去，便成爲訓育上的重要問題，於是對於有關道德教育之實施的訓育問題，於此亦不能不略加討論。

第二，所謂訓育問題的主要目的，要不外是一般陶冶的問題。然而道德的陶冶，其範圍不僅限於學校的兒童，他如一般國民道德的陶冶，在近代國家教育的方針和目標上，亦極關重要，於是教育倫理學的敍述，又從學校教育的問題擴充到社會教育的範圍中間了。

第三，教育的力量，其及於個性的影響及效果何如，近來也頗發生問題。緣教育萬能之說，既已發生動搖，而道德陶融之力，是否能改變個性，亦自爲大可注意之事。加之，最近因自然科學的進步，已發見環境，氣候，遺傳等等，都可以影響到人類的精神活動。又自唯物史觀之說興，以爲人間的意志感情，與社會現象係互爲獨立，因之道德根本之自由意志是否仍得確立，亦發生前此未有之重大問題。

第四，何謂道德，何謂不道德，因時代觀念的不同，和社會情况的變遷，自然要生出許多的變易。今以教育的立場論，於此如無一確切的指示，則教育本身即將失其效用。然而這種道德觀念上的變易，要不外爲一般社會思潮的變遷，和科學上的發明發見，以反證從前傳統的因襲的觀念之錯誤。由此，我們於討論教育倫理學時，又不能不涉及社會思潮與一般科學的各種有關係的問題。

第五，在我國這種舊道德發生動搖，而新道德的基礎又未確立的情况之下，自教育的立場言，我們應該從這個立足點上和需要上來發見一條新徑路，這也是教育者所義不容辭的一個任務。如若不然的話，不獨道德本身日瀕危殆，就是敎育的效用也必爲之破產，尤其是訓育一層根本上就無從談起了。

第六，此外還有各種實際問題也應該略略顧及的，便是德育設備上的問題，性慾敎育上的問題，不良兒童的取締問題以及一般犯罪和敎育上問題等等，均須多少談到點，以作爲道德敎育實施上的一種參考。

如上述，則敎育倫理學的問題，範圍眞是太廣泛了，如果一一敍述起來，當非這本小小的冊子所能蕆事。而且其中有好些問題，一時都是無法可以解決的。所以我的目的，祇在把這種問題提了出來，至應該如何解決，也只好不管了。然而我相信對於一個問題的提出，雖無解決的方法，但也不是完全無用，我以爲最少也可以引起人們若干的注意，倘能因注意而又有人來作專門的硏究，那就已經成爲一個有力的提案了。

敎育倫理學所涉及的範圍旣如此之廣，或者有人以爲可以將這種種問題各各歸到牠所相關的各科學中去討論而不必有所謂敎育倫理學一類的專著，加以敎育倫理學是否能成一獨立之學，是否能够得上學的資格也是疑問。我對於此種的意見，第一層所謂可否併入他科討論，我以爲敎育倫理學本身應該是一個獨立的問題，申言之，在這問題自身上卽已具有獨立討論的資格了。第二層能否成爲一個學，我以爲祇消問這樣一個龐大的問題是否在事實上需要精細的硏究，我們所盼望的是否是對於這種事實問題的解答，倘是如此的話，我們祇須從事實的結果就可以證明牠了，至其能否成爲一個系統之學，似乎儘可不必緦緦過慮。

## 二　敎育倫理學與一般倫理學

一般倫理學所討論的問題爲道德本質的問題；敎育倫理學對於道德的本質問題雖亦不能不有所顧及，但其著重之點不在道德本質之爲如何而在道德的人格之如何養成。此其區別之點一。一般倫理學所討論者爲道德之一般性或普遍妥當性，至某人在某時某地作若何之行爲，則在所不問，換言之，卽對於各個特殊之材料或內容之討論，恆在捨象之例；敎育倫理學則不然，對於此種之特殊性異常重視。此其區別之點二。一般倫理學中所言之道德標準，爲一般所共通之最高的理想的標準，故其所言之道德皆爲理想的境地之道德；敎育倫理學所言者則爲各個之實際的道德，緣人之智力旣各不相同，其所達之道德的境地亦自千差萬別，蓋實際上欲使萬人有齊一的道德實爲不可能之事；雖不能萬人齊一，但仍能使之各在其相當之程度的階段上有其道德的意味，此卽敎育倫理學之本領。此其區別之點三。

世有以爲敎育倫理學卽敎育學與倫理學者，換言之，卽敎育倫理學所討論之問題，要不外爲敎育學與倫理學之關係者。是亦不然。何則？敎育倫理學所討論之問題不僅爲二者之關係，且更有其上之意味在也。自文化敎育之見地言，敎育之目的如爲文化的價值本身之發展，則倫理的問題，亦自爲文化價值之一，是則一般倫理學且將包攝於敎育倫理學之中，故二者決非並行之關係。

## 三 敎育倫理學與實踐倫理學

如上述教育倫理學所著重之點，既在道德人格的養成和各個實際道德事實的研究，那末，這也就是實踐倫理學的問題了。因爲實踐倫理學中所討論的，也不外這幾種事情。是的，教育倫理學和實踐倫理學固也有一部分相似的地方，但其範圍和目的，則大異其趣。

自範圍言，教育倫理學來得廣，例如環境和道德的關係，即自然的環境（氣候風土等）人爲環境（社會）之影響，及生理的心理的（年齡遺傳等）制限，乃至各個實際道德問題之史的變遷等等，在實踐倫理學上可以毋須討論，在教育倫理學上則爲必須研究之問題。

自目的言，實踐倫理學之目的，在於具有此道德意識者自身之修養及其實踐的意志之發動；而教育倫理學之目的，則在如何以養成一般人之道德的人格，如何以陶融一般人之品性，以及如何能使此程度互異之各個人的行爲均得有道德上之意味。淺言之，亦即前者之目的在於自己修養，後者之目的則在訓練他人也。

## 四　教育倫理學與道德教育

此二者之涵義，大體相同，初無嚴密之區分。且道德教育一名，已爲通常所習用，故本書中對於二者，亦時時混用，即有時稱之爲教育倫理學，有時稱之爲道德教育。蓋斯學在近代尚未有若何專門之研究而成爲一種獨立之科目，或在教育學中討論到此種問題，或在倫理學中討論到此種問題，均爲附帶研究之性質，如本編第三章所言，尤其是關於道德的各個材料問題，不論是倫理學者或是教育學者，向來於此都未十分注意。然而自教育的目的言，即自人格之養成言，除出各個現實的道德事實問題，實別無所謂具體的道德。一般倫理學上所講的，無非都是道德的理論問題，都是抽象的東西。要想將這種原理應用到教育上來，其間尙有若干的距離。即我們若不設法將那種具體的材料加以分析研究，差不多就是等於一篇空論。尤其是亦祇能使人在其道德意識上得有若干的觀念，此種觀念能否具有實踐上的效力，在今日的教育者誰也不敢一口斷定。近來一般教育者對於情意的訓練一事，常視爲畏途，要不外乎這種的原因。

不過我們若從此二者的字面上來解釋，其間亦不無區別。即教育倫理學所討論的，大半屬於原理的問題，而道德教育所包涵的，則大部爲實際的問題。本書有時即據斯義而將二者分開來用，如前編常取教育倫理學之名，後編則常取道德教育之名是。這種的畫分固不敢說有若何學術上的根據，但仔細想來，似尙無十分不妥之處。況斯學在嚴格上尙未成爲一獨立之科學，此種意義之確定，須有待於今後學者間之努力，自毋待言。

## 五　教育倫理學與社會教育

廣義的教育不限於學校，其對象且可擴大至全社會，此即所謂社會教育者是。道德教育的問題亦然，除學校教育外，其關係於社會教育者至巨。緣學校訓練，自某種意味上言，祇不過是實際社會生活的一種準備，而道德的問題，亦必須在此種實際生活上始能發生意味。

因之教育倫理學所討論的範圍，其一部分就不能不涉及社會教育方面的問題，如後編所述的實際問題，大體都是和社會教育有關係的。申言之，學校教育的道德教育和社會教育的道德教育相較，還是後者的關係來得大，因爲一個人的實際生活，始終是不能離開社會的。不寧唯是，就是從道德本身的意義上講，實際的道德問題，無一非社會的產物，一離開社會性，卽無法可以說明道德。

學校的道德訓練，必與社會相須而後始能收其效果，卽二者間必須相互溝通，相互影響，而後始能推進道德。此外還有家庭，牠也是訓練道德的一個重要場所。斯三者，都是我們講教育倫理學時所不可不注意而須詳加顧慮的事情。

## 六　教育倫理學與一般訓育

學校教育之重要目的有二，一爲知識之傳達，一爲人格之養成，而一般教育學中所討論的亦不出此教學問題與訓育問題之二者。對於前者，和教育倫理學的關係尙少，對於後者，則我們可以說全部都是教育倫理學所應討論的事情。

學校訓育的目的，要不外乎道德教育的實施，所謂道德教育的實施，不僅是使被教者對於道德觀念有所瞭解卽已畢其能事，還須他們去一一實踐。從敎育上講，這件事情要比敎學的問題困難得多。換言之，知識的訓練，祇要在相當的條件底下，我們還可以想出種種的辦法來達到此種目的，至於情意的訓練，老實說，在現代的敎育家中間，沒有人不認爲是一個頭痛的問題，因爲這種訓練根本上就沒什麼好的方法，縱使有了好的方法，也很難以收到全功。卽以最近的敎育新潮流而論，對於敎學的實施方法上確有不少的新計畫新方案產生，而關於訓育方面的則仍然寥寥，卽有之，其實施的功效亦不甚著。所以從敎育本身上講，此訓育問題卽道德敎育問題，還是亟待研究的一樁事情。我們已經覺悟僅靠空的道德理論或觀念是不十分中用的，無論陳義是怎樣的高，說理是怎樣的精，由此以至實踐，其間仍還是隔開了若干的距離。

不過敎育倫理學所討論的範圍，此一般訓育問題卽道德敎育問題，祇是其中的一部，更精密言之，學校訓育，又祇是道德敎育的一部。至於訓育，則又有直接與間接之分，此事後當詳述，茲不多贅。

## 七　敎育倫理學與國民道德敎育及國民性

敎育的目標，必須與其國之政治制度及社會組織相適應，換言之，卽一般國民敎育之養成，必須以其國制度上及組織上之需要爲轉移，是以一國家卽有一國家之敎育政策，敎育政策之精神，亦卽其國敎育命脈之所寄。惟各國之國情既不相同，敎育之目標亦自不能一致，例如以農業立國者，其敎育精神必偏重於農，以工商業立國者，其敎育精神必偏重於工商。不寧唯是，且將因制度及組織之關係，對於道德敎育之意義亦各異其觀念，如民主制度之國家決不容有忠君觀念之存在，崇尙自由平等之國民，決不容有特權階級之存在。此種道德觀念之所以異，亦卽權利義務觀念所以不同之由來，制度組織既不相同，則個人對於國家之觀念，對於家族之觀念，乃至對於社會之觀念，亦均爲之發生極大之差違。所謂國民道德，其必有待於敎育之養成者以此，而每一國家，亦必有其獨特之敎育政策，俾一般國民之知識道德不至與其國之制度組織背道而馳者亦以此。

自敎育本身言，固自有其普遍的獨立的原理之存在，此原理亦固爲世界所共通，而無所謂國境之別，但此種原理，乃是指敎育的形式方面的性質而言，決不能說敎育的內容方面可以不問國別，無論何處都是一致的。關於此點，有好些敎育者發生一種錯誤觀念，以爲敎育絕對是獨立的，與其國之政治等等毫不相關，殊不知此爲不可能之事，何以呢？因爲離開制度上和組織上的需要，敎育立刻會變成空洞之物，試問絕無所用的空洞的敎育還有敎育上的意味嗎？

我們一談到敎育倫理學，則對於國民道德敎育的問題自不能不切實注意，不過敎育倫理學所討論的問題不僅是國民道德敎育問題一種，然而國民道德敎育所包括的範圍也很廣，其內容大體可分下列的四項，卽(一)對於個人的，(二)對於家庭的，(三)對於國家的，(四)對於社會的。是國民道德的養成，必須將這四個方面都要一一顧到，然後可稱完全，更須一一與制度及組織之需要相適合，然後能收其眞正的效果。

由於上述意義國民道德養成之結果，其表露於外的一般性，是卽爲其國之國民性。不過國民性的教育，除個人，家庭，國家，社會外，還須有一種國際道德觀念的培養。國民道德和國際道德是不同的，因爲後者顯然有民族國界等等差別的觀念存在，倘把這種界限撤去，國民性的特徵就不容易看出來了。

歷史的傳承，卽爲一國國民性之所由成，所以離開了歷史的背景來討論一國的國民性，乃是一件不可能的事情。例如我國的國民性，要不外我民族數千年來的文化歷史之結晶。此種特殊之點，卽是我國國民性之所以與東西其他各國不同之處。如將此種特徵除外，則爲人類一般之共通性。我們認識一國家或一民族者，決不是認識他的共通性而是認識他的特殊性，此特殊性，亦卽其整個的國民道德之表現，而其國際道德之觀念，則不爲國家與國家或民族與民族間相互溝通之連鎖，卽爲彼此隔閡之暗礁，所謂國民道德觀念與國際道德觀念之差違在此，而甲國國民道德與乙國國民道德之不同亦在此。

# 第二章　教育倫理學的新體系問題

## 一　過去道德觀念因科學進步所發現之缺點

自十九世紀後半期以至現在，道德本身發生了亘古以來所未有的大動搖，所有傳統的觀念以及因襲的教訓，幾幾乎十之八九都要瀕於破產了，且有倡道德不必要論者，從事於正面之攻擊，又有倡道德訓練無效說者，由教育遺傳等立場以從事於側面之非難，此外，或視道德如工具，以貶損其價值與威嚴，或帶科學之假面具，或利用激情以汨沒人之羞恥與良心，甚而道德一名，亦爲人所厭聞，不獨棄之如敝屣，而且避之如弗及，道德之厄運，蓋未有甚於此時者也。嘗思此種問題之得因時代之需要不同而有所損益因革，自古已然，本無足怪。惟證諸史實，歷代對於道德之傳承，雖皆有所變更，要不若如此之激烈。如宗教改革時期，如法蘭西大革命時期，其影響於道德觀念者固然也很大，但總沒有像一切道德信仰俱失其拘束力，以至於全部崩潰的今日這樣利害。我們要想在這種情形之下，來討論倫理教育的問題，以決定其能否存在的運命，這當然不是一件容易的工作，而且也不是一件時髦的工作。

第一，從倫理問題方面講，在十九世紀已經有人做過這種的運動，並且是失敗了（參照後編第一章）。目下我國要想站在舊道德的立場來維持這種古董東西的人固然也還是不少，但他們的思想大部分都是可以够得上『時代落伍』四個字的考語的，所以要想由他們手中去挽回這個既倒的狂瀾，實無異於做夢。

那末，舊的既然要崩潰，我們就讓牠崩潰了罷，我們何妨再從另外一個立場來樹立一個新的基礎呢。這個提案，我想雖不十分時髦，總還可以得到很多人的附議。然而此處關而就會遇到一個難題，這難題是什麼呢？就是倫理學是否能够得上科學資格的問題了。關於這一點，近代的倫理學者實在在這個上邊費過不少的心血，即如實驗倫理學之類，也都是想解決這個問題的。但其結果，祇不過是增加了一些理論上的糾紛，質言之，這種的嘗試，可以說依然是失敗了。所以我們要想建設一個倫理學的新體系，開闢一條道德學的新生路，仍還不能不重起爐竈，另想他法。

第二從教育問題方面講，關於道德的訓練或品性的陶冶，其困難之處，較諸倫理學方面有過之無不及。因爲教育本身在現代思潮中已有教育無效訓育無效諸說；一人之品德是否可由教育的訓練而改變，既有疑問，而其所根據以爲訓練之道德標準，如上述又早呈崩潰之形勢，這豈不是難上加難嗎？所以要想討論道德教育的問題，我們也不得不別尋門路，重擬辦法。

舊的不能適用，已成必然的趨勢，縱令頑強固鈍，拗執不同，我想舊道德的生命，也所餘無幾，空費九牛二虎之力，終屬徒勞耳。然而新的體系，又未確立，且在此一日千變之激急潮流之下，是否有新道德產生的可能，亦爲不可必之事。所以我們想避去那種出力不討好的弊病，首先便得審慎一點，即我們想做這個工作，第一就該把這可能的問題來討論一下，如果可能，我們再來講到建設新體系問題也還不遲。但是我們要問這新的可能產生，便先應追溯那舊的何以不能維持，其所以不能維持必有其不能維持之理由在，之原因在，之事實在。

以事實爲根據，這便是近代科學精神的中心點，所以我們要想知道舊的道德何以不能維持，就先應從事實方面去追問過去的道德，習慣，信條，教言等等，何以都不適用？何以要崩潰？何以再無拘束人之力？何以不受人之信賴？何以要加之以因襲傳統等等頭銜？何以要被人咒罵爲階級的道德或奴隸的道德？凡此種種大而且惡的罪名，實屬指不勝屈。然而在道德的頭上却帶上了這種種的罪惡之冠，這不可以不說非極矛盾之能事，集天下之奇觀。

在這科學的法庭之上，我們一定要把這僞善者的假面具揭開！我們一定要用科學之光使牠無所遁形！在這最終的審判，如其罪無可逭這便是舊道德宣布死刑的一日，如其受人誣蔑，則我們就該立刻恢復牠的自由。如果牠的財產有一部分是應該傳承的，我們便不該諱傳統之名而應令人承繼，有某部分是喪失所有權的，便該去因襲之實而另立新戶。能以科學的良心和正義爲最後的決定，我想新的體系，當不難合法的產生。

## 二　由於哲學進步所發現之缺點

由於近代科學昌明及思想自由之二大原因，遂發見過去道德上之種種缺點，缺點既爲人所見，對於牠的信仰也自然一天一天的失墜了。是以舊道德的大部分，的確是無法可以維持的了。就是其中的一部分，最少也還須加以新的解釋，使之能歸附於新建的體系之下，而後纔可以保持牠的效用。由於科學的進步而使道德觀念發生動搖的例證有種種，茲撮要舉之如次：

第一，由於哲學的進步而道德觀念發生動搖。自我的發見，實在是近代哲學乃至一切科學之所由發達的一個重大原因。申言之，即由於自我的發見，人類始脫離神權的束縛而入於人權時代。在神權時代，道德宗教以及凡百人事，莫不以神爲最後的歸宿，而一切的理論，也須以神爲終極究竟的解釋。所以在這個時代的道德觀念，其根源均係出於神之命令，基於神之威權，而因果報應等等，即爲神之賞罰之所由寄託。後來神權復與君權相結，君即所以代神執行賞罰者，於是階級的道德，亦由此而形成。道德寄生於此種神權君權之下，因得具有絕大之勢力，更演爲種種煩瑣之形式，而成爲禮教訓言等等，深入人心，牢不可拔。東西數千年來所言之道德，要不外此。然而人們怎樣纔能脫離此種束縛呢？怎樣纔可以由這神權桎梏之下以得到解放呢？這就全靠我們自己的自覺力了，這自覺力的醒覺，換言之，也即是上面所講的『自我之發見』是。

希臘神話中間有一段寓言，說得很有意思，茲節錄其大意如次：

『昔阿坦那大神爲魔奇薩所殺，其血化爲柯里薩窩，柯里薩窩之子曰愛西特那，形狀怪異，目如點漆，頰如烈燄，其身半女半蛇。斯芬克斯（Sphinx）即其子也，鳥翼獅身，面如處女，居鐵巴河之絕壁，具絕大之神通。

斯芬克斯性既殘惡，復懸一謎於其側曰：「朝四足，午二足，夕三足者，爲何種之動物？」倘人不能解此謎，則彼將長爲人禍，使人永遠不能脫離苦境。

有大智慧者曰粵地波斯（Œdipus），偶過河畔，曰，此易解也，此種動物，厥名曰「人。」於是斯芬克斯頓失其神通，遂爲粵地波斯所殺。或謂其係投崖而死者。

自是世人始知此宇宙之謎卽爲人，遂脫於半人半獸之境，而得爲自由之人。此種思想之起源亦甚早，古希臘哲人披他哥拉斯（Pythagoras）卽有「人爲萬物之尺度」之說。洎乎中世，神權伸張，哲學地位低落，附庸於宗教而成爲神學之婢（Maid of theology）。文藝復興運動以後，思想自由之精神日見發展，而所謂人本主義（Humanism）之思潮亦隨之而生。一切道德，思想，學藝等等，均一以人爲中心，自我之意識既漸次醒覺，自我在宇宙中之位置，亦日益明瞭穩固。由於此種之自我的發見，各種學術，相繼勃起。其在宗教方面，則有宗教改革運動，其在政治方面，則有法蘭西之大革命。其表現於天文學者，則有哥白尼之天動說，其表現於生物學者，則有達爾文之種源論。

思想界既發生了這種的撖然大波，昔日道德理論之所根據的神靈秘窟，自然也無法可以再行隱藏。人們知道了道德的威權和命令，決不是出諸不可捉摸之神，而爲吾人自身之良心，於是從前的倫理的系統以及道德的信條，遂不得不由動搖而至於破碎，更代之以人本主義的新系統。道德哲學方面既是如此，政治經濟各方亦自不能不受其影響。故直至今日，所有之傳統的因襲的道德觀念，逐日隨科學之進步而節節破壞，以至不可收拾。其所以至此，決非偶然或毫無理由者可比。我們能於此種地方細爲剖析，當可以知道這是事有必至理有固然，而無所容其疑義的了。

### 三　由於政治學進步所發現之缺點

次之，則爲由於政治學的進步而道德發生動搖。在昔我國言倫理學者，常誤認階級的現象爲不可移易之既定的事實，以爲就此種人爲的現象以爲排列，即可合於倫理之基本原理。此種數千年來相因相承之誤謬見解，直至今日尚有若干的勢力存在。我們要想糾正或推翻這種倫理系統，當非簡單數語所能說清。我國年來在這個方面來做分析工作的人尚不多觀。加以我國這種倫理系統具有數千年的歷史，書籍浩如淵海，其中自有精微之處，不能一筆抹殺。但當現代潮流之下，要想整個的維持，已是決不可能的了，此固明眼人之所共見，不消我再來瑣說的。不過此處篇幅亦屬有限，祇好就管見所及，提出一二點以供討論罷。

倫理的這個倫字，就含有秩序和排列的意思。所謂三綱五常，即是排列的順次，和秩序的確立。古來講倫理第一要義爲正名，先要正那一種名呢，便是君君臣臣父父子子。在這綱常中間所謂君臣，父子，夫婦，兄弟，朋友等的結合，有的是自然的結合，有的是人爲的結合，有的是永久的結合，有的是暫時的結合。結合的關係既然不同，我們自然不能硬湊在一起，而將牠排列爲一個順序。鄙意以爲綱常見解的不妥，第一便在這個硬湊的毛病。結合既不一樣，對待的關係也自然不同。譬如「君之視臣如草介，則臣視君如寇讎」，父子的關係是不是也可以這樣說呢？又如「天下無不是底父母」，君臣的關係是不是也可以這樣說呢？其不能互爲援比，自毋待言。次之，又把這種道理演繹到自然的理法上面去，將自然亦作爲一種擬人看待，而說「天尊地卑，乾坤定矣」，更將這種關係拉到人事上去，成爲一種尊卑貴賤的秩序，於是君權父權夫權特優的階級道德，遂由此形成，後來變本加厲，專制的淫威更一起而不可遏了。以「天地之道造端乎夫婦」的理論，合諸現代夫婦結合爲社會中心之說，尙不甚背；然而其間一附以尊卑之位，親親之殺，復演出冠婚喪祭等等的繁文縟節，更以此理擴至君臣師弟之間，硬將關係拉攏，聯成一個倫理的系統，於是這支配中國好幾千年的宗法社會的制度，遂成爲我國一個特有的倫理系統了。

自從盧騷天賦人權之說出世，特權階級的地位遂不可持，而自由平等兩個觀念，於近一二世紀中，將君權這樣東西殆已破廢無餘。因爲有此種政治學上的發見，人們一向認爲是既定事實不可移易的尊卑觀念，以及階級的地位，現在已經認之爲最不自然的現象而要完全推翻牠了。此種思想擴至家庭，在父母則親權爲之削減，在夫婦則平等的要求以起。於是中國數千年之專制政治，遂不由不改爲民主共和，對君主之道德以及一切一切由此所派生訓言教條，當然是整個的崩潰，毋庸置議。與此相關的父子夫婦等綱，亦受其影響，不能維繫。階級道德之基礎既一旦顛覆，寄生於其上之宗法制度亦自無所托其足，此蓋勢有所必至理有所固然者也。

在此種趨勢之下，如果要想確定我們的倫理觀念，對於過去倫理系統的弊病之所在，就非有精確的研究不可。這種問題，當然不僅是倫理學本身的問題，於教育上尤關重要。更有進者，倘此問題能從教育的立場來求解決，或可較諸僅就其本身以求解決者更爲確切有效。

## 四　由於經濟學進步所發現之缺點

再次，則爲由於經濟學的進步而道德發生動搖。此處所謂經濟學，係指社會主義的經濟學而言。在往昔資本家及地主所獲得之利益，一般社會常認之爲正當行爲，然自社會主義的經濟學——尤其是馬克思的資本論出世以後，向日認爲正當所得者，今則以掠奪行爲視之。不僅對於個人的行爲，卽資本主義的國家之行爲，亦顯然受人指摘，斥之爲不正義。

近代道德觀念之變更，當以關於經濟方面者爲最巨。緣衣食住等日常實際生活行爲，實占人生之大部。此外圍實際生活之組織方式既發生急激之變化，則吾人之道德觀念亦自必隨之而變更。昔日認爲可以尊敬或不得不尊敬之資產階級，今已成爲一般人所咀呪所掊擊之對象，而階級革命之聲浪，又復日高一日。所謂無產階級之道德已大有取資產階級之道德而代之之勢。如「勞動神聖」「不勞動的人沒有享受食物的權利」等新道德觀念，在世人之腦中已占有很大的勢力。所以今日講道德教育的人，對於此種變更如不加以注意，或不從此種實際方面來想辦法，訓練上必難收到良好的效果。

唯物史觀論者常認道德，風習，政治，法律等社會文化，都是建築在經濟組織上邊的。以基本組織一旦發生變更，其上層之建築亦必隨之發生變化。例如由手工業之經濟組織以入於機械工業之經濟組織時期，生產手段既行變更，建築於其上層之一切社會文化，亦必隨之而發生變化。彼輩又謂人間的意識全然要受物質（存在）的制限，因之我們意志亦須自然的必然的爲物質所支配。所謂意志自由，乃從來論道德者所公認之基本原理，今亦一旦爲其所推翻。此種理論是否妥當，目下固尙多爭論，然吾人亦可由此以推知經濟間之於道德觀念，其影響爲如何之巨。我們能從這種地方來詳加研究，一面對於許多道德觀念所以變更的理由，固可得有相當的瞭解，而他方我們要想怎樣去建設新道德，也自然更可多一層的把握了。

和這經濟問題密切相關的，還有人口問題等等。例如新馬爾薩斯主義之勃興，以及節育運動之流行，也可以說是屬於此種經濟問題之一旁支。而節育運動在道德教育立場究應作若何的評論，纔爲正當，亦爲近代學者所爭議而未有定說的一個問題。茲爲篇幅所限，未能詳述，不過我們由此，也可以推知經濟問題牽涉到道德問題的事情是如何之多了。

## 五　由於法學進步所發現之缺點

又次，則爲由於法律學的進步而道德發生動搖。今日多數社會主義者常批評舊日之法律全爲保護特權階級之利益而設，語雖稍涉偏激，然亦爲半面之眞理。不過近時世界各國之法律，亦因社會潮流之移易而多有所變更。且法律之與道德，恆相互爲用，未有道德觀念已遷而法律仍不變者。更以二者之關係論，道德上認爲惡之行爲，法律上無何等之制裁者，蓋有之矣，未有法律上認爲有罪之行爲，而道德上反不認之爲惡者。惟後者之場合，當係指一般之自然犯罪而言，至含有政治意味之犯罪，以及社會文明程度低於個人時之特種犯罪（參照後篇第三章）自爲例外。

茲以我國法律最近之傾向言，如男女平權一事，早已占有法律上之地位，女子得以繼承遺產，亦有明文規定。此外，如對於勞動者之保護法規以及勞資仲裁制度之設立等等，皆足以表示適應潮流之精神。

所有權的意味之變更，實爲現代經濟觀念影響於法律觀念之最巨之點。所有權的範圍的大小和時間的久暫以及公有或私有等等問題的討論，固然學者間也有很多的爭議，但大體的傾向，多係趨於制限的方面。除實施共產制之國家外，其他各國，如對於遺產繼承之制限，經營生產事業之規定等等，莫不從消極的方面以防止私人所有權的擴大。

此種事例之理論上的最後根據，要不能越道德的正義之範圍。而法律與道德相互關係相互影響之處，尤爲我們建立新道德體系時所應深切注意者。所謂人權之保障，亦必須現爲法律之形式，然後始發生效果。一種之理論或學說以及主義等等，固必先基於道德的正義，方能深入人心，以得多數之信仰，但未取得法律上之地位，則仍爲空論。故法律之變遷，恆以道德觀念的移易爲其動力，而道德的意見之實現，必化爲法律或習慣之形式而後可能。我們實施道德教育之時，也必須顧到雙方，即一面養成遵守法律之習慣，以表揚法治的精神，他面復養成道德批判的力量，以保持革命的精神。

## 六　由於其他科學進步所發現之缺點

最後，由於其他各種自然科學之發達，致影響於道德觀念之變遷者，亦屬不少。茲擇要述之如次。

（一）生理學　我們的生理上，具有一定的構造和機能，倘某部的構造發生障礙，或因外界的刺戟而發生異狀，則機能上必受影響。如因過量服用酒精或麻醉劑等，以致行爲上發生過失，自不能以常人相例。又由於生理上的必然的要求所生之罪惡，近代一般思想對於此類事之批評，遠不若從前之苛。如異性關係之觀念，在從前認爲破廉恥者，今多以平常之事視之。又如強迫女子守節一事，在近代人之觀念，反認爲不人道，亦此中之一顯例。

（二）心理學　由於心理學之發達，吾人因知道德觀念之發達與年齡成爲比例。此事在教育上之貢獻尤大，例如以前的人，常認遊戲等等，爲不良兒之表現而加以呵責。殊不知遊戲爲兒童之生命，不獨不宜無理的禁止，反有適當獎勵的必要也。

（三）遺傳學　昔人對於笨拙或低能之兒童，往往歸過於兒童之本身，今則知負此責者爲其父若祖。由於此種認識，不獨道德之批評爲之移易，卽教育上之方法亦爲一變。

（四）天文學　昔以天災時變以及戰爭殺戮之事，或歸之上天之劫數，或歸之於人君之過失，或視爲神之降罰，或視爲鬼之報復。近日天文學發達，乃知此類解釋，盡屬荒唐無稽。君權神權相結之巨大勢力，其所以不能存於今之世者，不可謂非斯學之發達以爲之源。

(五)地理學及氣象學　由於地理及氣候上之自然環境不同，道德觀念之發達因有早遲，習慣之形成亦各地互異。申言之，即因地理上所占之利益有厚有薄，故各民族間之道德相差頗遠，有甲民族認爲道德而乙民族認爲罪惡者，有甲地認爲犯罪而乙地認爲美德者。又因氣候學之發達，知人類之過失行爲與氣候有莫大之關係，此種事例，近日學者間且有極精密之統計以爲之佐證。

此外，如由社會學，史學，以及理化等自然科學之進步，直接間接影響於道德之處，亦屬甚夥。要之，近代道德觀念之變遷，決非偶然之事，如能細心研究，在在皆可發見科學上之證據，此固可斷言者。

## 七　新道德系統建立之可能及其應注意之點

道德觀念要不外人類對於社會的合理的生活之一種見解或要求，此見解與要求之總和及其系統，即人類道德歷史發達之全過程。見解與要求常隨實際生活之發達而變易，見解與要求既變，道德觀念自亦隨之而更改。

世未有萬世不易之道德觀念，過去之道德觀念祇能適用於過去，倘時代已過去，而此道德之遺骸猶存，則其對於吾人不獨無絲毫利益，且有束縛之感。近人之疾視舊禮敎而往往加以殘酷之掊擊者，即係此故。

科學者，發見過去道德癥結之顯微鏡，亦批評過去道德之標準也。倘毫無科學上之確證，對於過去之道德橫加訾議，此固狂崇新物者之變態心理，然不顧科學上之證據，對於過去之道德硬欲保存，此亦迷信古董者之頑固心理。

當此道德觀念發生激劇變化之秋，道德的新體系之建設，自屬萬分需要。惟自教育倫理學之見地言，鄙意以爲最少必須注意下述數點，然後始可與言建設新道德之體系。茲請一一條舉，以供研究。

(1)對於每一道德觀念之沿革應詳加研究；

a.舊者之弊害若何，

b.最新之見解若何，

c.科學上之證據若何。

(2)倫理學是否有成爲一獨立科學之可能；

a.反對說之批評，

b.新倫理說如實驗倫理學等之不妥之點何在，

c.新體系的科學性之確立。

(3)新倫理學似應具備下列之條件；

a.科學的證據，

b. 除道德的一般性（形式）外應注重其特殊（材料）性之研究（參照本編第三章），
c. 應含有進取的積極的革命的精神。
(4) 不僅爲知識的授與且須適於敎育上的實施；
a. 實施的方法，
b. 實施的效能，
c. 訓練的目標。
(5) 自敎育倫理學的立場言應顧及；
a. 道德與敎育之聯繫，
b. 學校敎育方面應顧及兒童身心之發生及環境之影響，
c. 國民道德之養成——個人與家庭社會國家在道德上之聯繫，
d. 國民性之養成——國民道德與國際道德之關係。

以上所舉，極爲粗疎且乏系統，不過如前章所言，個人之目的，祇在提出問題，當否在所不計，倘能引起抱有此種興趣者之同情，對於相關之各種問題，更有精密的研究及豐富的材料出現，則預期斯學必有一突飛的大發展也。

# 第三章　教育倫理學的根本原理

## 一　教育倫理學的本質論

所謂教育倫理學乃是由道德這個概念和教育這個概念二者相結而成的，所以我們要想徹底了解教育倫理學的問題，必須要從這兩個基本概念上去求解決。其中關於道德本質的問題，不消說當然是屬於倫理學的範圍；然自教育倫理學的立場看來，對於道德本質的問題雖也談到，但其討論範圍決非僅此而止。申言之，即道德問題或倫理問題，在它們自身成爲一個獨立問題的時候，對於道德的本質一層，自可作爲一個單獨的研究，而不須與其他問題相關涉；但我們若從教育倫理學的立場來考察道德的觀念，那就不獨對於道德的本質問題一種，即對於有關道德的一切問題，均有加以考慮的必要了。所謂從倫理的立足點來考察道德觀念，和從教育的立足點來考察道德的觀念，本質上並沒有什麼不同之處，不過範圍上則有廣狹之別罷了。何以言之？因爲把道德當作一個教育倫理學的問題來看待的時候，乃是完成一個人的道德人格的意思，所謂道德的人格，我們不先去研究道德的本質是什麽，當然不能明白，然而僅僅知道道德的本質是什麽也還是不行，必須要知道道德在某種具體的問題上邊是怎樣的一種形狀在那兒活躍着。換言之，這種具體的表現在道德本身的概念看來，固然是它的一種偶然的性質，但自教育倫理學的立場看來，就是一個不可缺少的要素。例如道德這樣東西的本質，應該是普遍的一般的，然自教育倫理學言，所謂道德的人格，除普遍的一般的本質之外，還須具有某種具體的內容。例如中國人的道德人格，不僅是具有道德上的一般的普遍妥當性就算完事，還須具有中國國民之所以爲中國國民的具體內容。所以在教育倫理學的立場所講的道德觀念或道德人格，和倫理學上所講的道德本質相較，還得多加上一個具體的特殊性的要素。申言之，即教育倫理學上所講的道德人格，不僅具有道德之所爲道德的本質，而且還要是具有特定內容之具體的人格，否則便不是教育倫理學上所要求的人格。關於這一點，便是單從倫理學的問題來討論道德和從一個教育問題來討論道德，其間所以相異之處。而僅從倫理一端以爲出發的道德論，對於教育問題上的道德教育，往往得不到一個切實解決的原因，也就是爲了這個立場不同的緣故。重言之，現在我們這裏所討論的道德的人格，除抽象的道德之所以爲道德的概念之外，還須注意具體人格中的內容的問題。換言之，即道德之所以爲道德，其德性如何，本性如何，在倫理學的見地和教育學的見地，可以說是一個共通的見地。至於從教育學的見地所講的道德的人格，則除上述共通性質之外，必須還要有一種具體的內容，即在特定的時間和空間所具有的一種德性。所以道德的人格這樣東西，一方雖含有普遍性，他方還帶有幾分的特殊性。此特殊性中固然也含得有普遍的原理在，然而在一個實際教育家手上，便成爲一個德性涵養或道德人格的養成問題」。一變作此種問題，則時間空間上均發生了制限。如我國的德性涵養問題，和歐美的內容未必能够相同，德國國民性的養成，未必和美國國民性的內容相同。若在一般倫理學上，就不會有這種異點發生了，因爲一般倫理學所討論的問題，祇至於具體道德人格中的共通原理卽道德的本質而止。而教育上，則以具有此本質之具體的人格的教養爲其主要任務，故於一般性外，對於包有特殊性的道德的人格，也不能不加以研究。

因爲立足點的不同，倫理學上所謂道德和教育學上所謂道德，乃發生有上述的差異。然此二者終不能相一致嗎？但眞理總只有一個，如果由倫理的見地和教育的見地便可發生這樣的差異來，這不是有幾個眞理了嗎？講到這個地方，不論在倫理問題上也好，在教育問題上也好，均有不同的學派。在倫理問題上，也有好些人對於道德祇主張有一般性而不主張有特殊性的，也有好些人主張二者都要的。至於其間對於這普遍的一般性和特殊的具體性，認爲有同時並存的可能的，還是比較晚近纔起的一種主張。但至今日止，一般研究倫理學的人，對於此點能够具有明瞭的意識，幷能完全從此種立場來解決一切道德問題的，也仍還很少。而其中把道德分作形式和內容二方來硏究的，則有狄爾泰（Diltey）其人，茲請略將其說介紹於次。

## 二　道德意識的分析（上）——形式問題

從常識看來，所謂道德人格的陶冶，就是在我們之外假定有一個道德的人格在此，我們怎樣去把這個道德的人格陶養出來，這便是道德人格陶冶的問題。然而從學問上講，則所謂道德人格的陶冶者，要不外還是一種對於道德意識的陶冶的意思。何以呢？因爲道德的人格，也就是道德活動的主體，所謂活動的主體，自今日哲學之見地言之，也就不外乎是主觀中所有的道德意識了。茲請從自己本身來體察一下。即自己的道德活動又是怎樣的一種東西呢？我們可以說這就是自己意識中所有的道德觀念，這觀念可以支配自我，且須於自我活動之時始行出現。這種說法，就是康德學派所謂一切現象都不出乎主觀意思。申言之，即對於事事物物之理我們怎樣能够知道呢？就是因爲我們能够思維，這思維即是自我的意識作用。又如我們能够向着自我以外的東西活動，這活動也即是自我的作用。一切活動既離不了自我，而自我又必須在自我的意識上面才能表現，那末，此所謂道德的人格，當然也是我們自身一種道德意識的表現了。這道德意識，從內面看來是自己的一種意識，從外面看來，即表現到外面來便是道德的活動，或道德的人格。把自己的這種意識活動來作基礎，再加以分析調查，以作爲解決一切問題的出發點，這就是狄爾泰氏所主張的精神科學的主要方法。更由這個方法來分析道德意識，以解決道德問題，這就是狄氏對於道德研究的根本態度。

歷來的倫理學者對於道德意識的分析，都沒有下過工夫。狄爾泰氏確是做這個分析工夫的第一個人。他於一八六四年發表了一篇論文叫做『道德意識的分析』，『道德意識之形式方面的考察』後編叫『道德意識之內容方面的考察』。中分前後二編，前編叫『道德意識之形式方面的考察』，茲先請就其形式方面的考察，一爲介紹。

我們要想明白狄氏對於此項問題的主張，那就不能不先把他的思想的淵源，作一個大體的觀察。即狄氏一方面是康德和黑智爾的學統繼承者，他方面又吸得有自然科學的新思想。當他發表這篇論文的時候，方在十九世紀中葉，正是德國自然科學的全盛時期。他所提倡精神科學，一部分的思想當然是出於黑智爾的精神哲學，但因他方又受得有當時自然科學即生物學的影響，所以他說到自我或意識的問題，則主張最後的目的是在自己保存和種族保存。

狄氏對於康德的道德學說，也曾加以批評，其批評的要點，即謂康氏的道德思想，乃是由於反對英國一流的道德說而起的。因爲康德生當十八世紀的末葉，一般社會上最流行的道德觀念，便是英國經驗派的學說。其中尤以休謨的道德觀念說爲一般所通行。蓋休謨對於道德意識的解釋，是一種徹底的經驗主義，同時又是一種徹底的快樂說。他以爲人間意識中間，無論何時，總脫不了快樂和苦痛二念，所謂道德，就是求快樂避苦痛的一種方法。道德上認爲有價值的東西，即是可以求到快樂和避去苦痛的東西。這種主張，就是休謨的道德觀，也就是倫理學上的經驗的快樂說。康德對於這種主張，極爲反對，他以爲道德意識的根本價值在於我們自己的意志活動，即遵照自己的法則以作自己的活動，才是眞正的道德，亦即依照自我的道德律而行，才是眞正的道德。申言之，即在經驗我中決求不出道德的基礎，必在先驗我中然後可以發見眞正的道德。

狄氏在他那前編道德形式論中間所討論的問題的中心，大部分都是爲康德這種的道德論而發的。康德的道德論本爲反對休謨對於道德意識的見解而作，而狄氏對於道德形式的意見，完全是照膺康氏之說的，所以他也主張那為快樂和苦痛而活動的經驗我，祗是道德的材料，而決非道德的形式。即各個人自我的經驗活動，決不是道德之所以為道德，道德之所以為道德，乃是我們把經驗的自我或經驗的意識統一起來支配起來所成的一種善的形式。於考察道德意識之時，在形式上發見這道德的真諦，此不可謂非康德對於倫理學上的一個大貢獻，故狄爾泰也說善良意志的絕對價值的發見，實為康德之一大功績。康德所謂絕對的善，即是定言命令或無上命令之基礎的純粹意志，所謂純粹意志，乃是連一點經驗要素都未含有的意志。自休謨的見地看，經驗的意志就是以求快樂求利益為前提的意志，而康德此處的純粹意志，則絕不含有休氏經驗意志的要素，故曰純粹意志。惟有純粹的意志可以值得稱為絕對的善，換言之，即善之所以為善，道德意識之所以為道德意識，決不是經驗的自我活動，而是超經驗的純粹自我的活動。狄氏對於康德這種道德本質的解釋固然是贊同了，但他方狄氏自己還有他的新見解，即對於康氏的絕對的克己主義的立場，不肯與以贊同。并且說這就是康德之所以偏的地方。他以為道德這樣東西，有加入休謨這種快樂的，感覺的，功利的要素之必要。但道德的形式的條件，則無論如何還以康德的超感覺的絕對價值為是。換言之，此際所討論的問題，便是道德可否允許感情的要素參加一事。照康德的意見，則以為祗要有一點點的感覺要素參加，就沒有道德上的價值了。對於此點，狄氏認為太偏，也即所以稱之為極端的克己主義之處。狄氏是學過生物學和進化論的，例如下等動物和低級的意識活動，事實上的確是受感覺的支配或快苦的支配的。由於道德意識的分解以解決道德意識問題為立場的精神科學對於這種事實，當然不能不予以承認。只要承認了這種事實，那末，對於快不快的感情是道德意識或道德事實的本質的話，就不能加以絕對的排斥了。關於此點，即狄康二氏所以不同之處。即狄氏雖亦認道德的形式的價值的本質，爲善之所以爲善之絕對價值，然對於伴隨其結果所生之感覺的滿足，即快樂與幸福等，則認爲無排除的理由。因之，狄氏對於道德的形式，則以完全之觀念爲其理想的狀態。怎樣叫做完全呢？便是向着內的價值的努力。此向着內的價值的努力之中，便有感覺的感情的要素走進來了。例如對人的好意，以及慈悲同情等觀念，都是必爲着他人而表示同情而表示好意的。此際就不無感情的或感覺的要素要參入進來。然而這種的活動，結局還是對於內的價值的一種努力，並不是要想求什麼利益或求什麼幸福。雖不是爲求幸福爲求利益，但結果自己還是感覺到幸福感覺到滿足。如果單單靠着義務或正義等觀念以爲活動，感情的要素就跑不進來了。然而眞正的道德，道德本質上決不是這樣一種乾燥無味的法律的義務，即自爲人盡力之點言，這種狀況，自道德意識觀之，亦不失其價值。

要之，在狄氏所謂完全這個觀念的主體，無論何處都可以看着是對於內的價值的一種努力，其間如有感覺的感情的要素追隨而來，也決不拒絕，這就是他所謂眞正的道德形式的極致。關於狄氏道德意識之形式方面的議論，大略如此。

## 三　道德意識的分析（下）——內容問題

上述完全這個觀念，也不是狄爾泰個人的創見，在康德早經用過了的。不過康德不承認現世倫理活動中有這樣東西，以爲完全這個境地只有現世以上的世界生活中才有。即康德這種思想，暗中仍舊是受着基督教的倫理思想的支配，以爲我們所住的這個世界，還是不正的行爲來得占勢力，縱使如何努力也未必能得到幸福，祇有在理想的世界即未來的世界，福德才能一致。至於狄氏，則不過由完全這樣一個觀念，把康德的未來世界的東西移到我們這個世俗的現實世界上來罷了。又完全這個概念，在拉勃尼茨和華爾夫的倫理學中也曾道及，不過他們的解釋和狄氏有點不同罷了。總之，狄爾泰對於道德意識的分解，在形式方面所謂內的價值，也就是康德所說的那個純粹意志，也就是絕對的價值。關於此點，我們從教育的立場看來，自無異議。即自道德人格陶冶的立場言，爲價值而求價值的態度當然是必要的，無論那一個道德教育者對於此點也不容他不贊同的。蓋所謂善，無論何處我們都得將牠當作一個善去努力實行去努力實現，這種態度便是道德意識的陶冶，在教育上是極重要的。至如狄氏更在這個上邊加上一個自我滿足的感情，這一點在教育的立場言，尤屬歡迎。何以呢？因爲在我們教育上所講的道德意識，乃是一種具體的道德意識，不論何人，如果他沒有自己滿足這樣一種自覺，自己活動這件事情就成爲不可能了。所以我們在這個地方，對於狄氏的見解，均可完全同意。至於他所講的道德內容的方面，則我們認爲不充分的地方却是很多。不寧唯是，即如今日一般的教育論，於此亦仍多謬誤之處。茲請將狄氏對於道德內容的見解略述其梗概如次。

據我們看來，狄爾泰和康德兩個人的見解都是爲同一時代思潮背景所拘束住了的，如狄氏雖會把道德意識分爲形式和內容二方，然其對於道德內容的解釋，仍脫不了康德或康德學派的一種傳統的見地。何以言之，蓋康德對於道德意識的內容，是把牠當作一種感覺的自我——即爲苦痛快樂所支配的自我看待的，因之，遂不肯承認其有道德上的價值，即康氏以爲這種東西不過是道德價值的一種資料或材料，和道德之所以爲道德，是毫無關係的。狄氏對於這種見地也和康德相同。在狄氏亦未嘗不想離開這種成見，不過在我們看來尚未能充分擺脫罷了。且狄氏之所以未完全離開此種立場，也有他的理由，就是他以爲道德問題的對象，要不外爲自我的一種活動，道德的內容，又是自我活動中的一種動作，給動作以道德上之價值的乃是形式，是則，動作的本身，仍不外爲一種意識活動或一種意識作用而已矣。然而道德內容（即動作）又是什麼呢？講到這兒，這個問題便須歸着到怎樣一個動作纔會得起來，在怎樣的意識之下動作纔會得起來的一點了。換言之，即惹起這個活動動作的動機，才是這個動作的意識原因。果如是，則道德內容的問題，也就是動作的問題，而動作的問題，也就是動機的問題了。那末，我們要想明白道德的內容問題，就不可不研究行爲的動機，於是動機的探討，動機的調查等等，又遂成爲道德意識內容的一種重要研究問題了。

以上便是狄爾泰對於道德內容方面的議論，至於道德內容果依如何之動機而起一層，則狄氏所見，仍未能脫出康德的窠臼，他一方面雖承認事實上是爲感覺的快樂痛苦所支配，但他方又同時主張這種感覺的支配和道德是無關係的。其理由是：因爲道德是一種形式，是一種價值的追求，所以受支配於感覺一部分的東西和道德是無關係的，然而此處和道德有關係的東西又是什麽呢？即感覺的自我的活動，須依動機而行，須依動機中支配着動機的活動的法則而行，纔始有道德內容的價值。所謂形式者，係指其追求內的價值之點而言，故善之所以爲善，即爲形式。然而在這善之所以爲善的上邊，那自我活動又是在怎樣一種組織之下怎樣一種關係之下在那兒活動着呢？怎樣一種的動作然後可以使善之所以爲善的形式成爲實行呢？這個問題，簡言之就是怎樣一種組織的動機活動纔是善的問題，纔是道德內容的問題了。

狄氏雖把道德意識分爲形式和內容二方，然而因爲他是繼承着康德的思想的，所以他對於道德意識內容的見解，仍然還脫不了形式的立場。到了這個地方，於是『調和』這個觀念，在道德意識的內容上，遂成爲一種必要的東西了。即我們在做一個行爲的時候，從自我的本質上看來，必須那時的活動在全體上能够調和，纔始有自我活動上的組織上的價值，纔始有動機組織上的價值。如果在行爲中不調和的話，即在動機組織上不調和的話，自我就不能够滿足了。狄氏這種的解釋，顯係脫胎於罕爾巴爾脫的五德論的。因罕氏的五德論中，以完全及正義之二觀念占最重要的位置。而狄氏就是把這完全的一個觀念作爲道德意識的內容的一種規定的。然而像他所說這種樣子的道德內容和我們現在所希望的道德內容意義上却發生了極大的差違。這個差違在何處呢？就是狄氏處處和罕爾巴爾脫相同，歡喜用自我調和自我統一等等一類的概念，殊不知這一類的概念，乃是全然根據於形式上的立場的，質言之，即其所謂內容，也還不過是一種毫無內容的形式而已。并且狄氏對於這內容一名，又有種種不同的用法，在此地是這樣的解釋，在別個論文中又作爲那樣的解釋，同一內容，在他自身的用法，就不能够一致。例如他在『教育果否是普遍妥當的』一論文中，在討論教育的目的問題中，關於內容一點，他主張這種內容應該是具體的人格內容。又說不論是知識的內容或感覺的內容，都可因時因地而發生具體的變化的，決無萬國共通之內容，也決無古今不變之內容。試觀狄氏此處所言之內容和他在道德意識上所言的那個內容，意義相差，奚啻霄壤。何以在道德意識的分解的場合，說內容就是調和，在這教育目的上，則說內容不能同一，而是因時因地而異的一種的具體的材料呢？他在道德意識的分解論中，固也有時採用和教育目的論中差不多的一種意味的內容，然而往往又不能徹底。所以我們現在從教育的立場來討論道德意識，關於形式方面的論調，固然可以和狄氏表示同意，但關於道德意識的內容方面，還覺是到他於教育目的論中的那個內容的解釋來得對些。

內容這個概念，如果照認識論的解釋，當然不外是一種意識內容的意思，然而狄氏在講道德內容的時候，却是被康德的形式主義所束縛住了，所以仍舊不敢採用這種的解釋，一到教育論，他纔始敢稍稍離開那種傳統的見解。如果眞像他那僅用調和和完全一類的形式規定，則可謂對於道德意識的眞正的內容反一無所規定了。例如道德的人格或道德的意識，內容上應該具備怎樣一種的德目，在教育上實在是一個重大的問題。這種德目，不必說，在自我這一方面當然不可不是一種調和的東西，但所謂調和，也必須是在必要的德目上的一種的調和，而這個具體的德目，也必須在這個地方是一種很重要的東西纔對。然而狄氏又謂這種必要的德目，得因時代的不同歷史的不同而異，決不能有所謂普遍的妥當的德目。這一點，又是可以成爲一個問題的。即所謂具有道德價值的意識內容，除却調和這樣一個形式的規定外，和各個時代所行的特殊內容之間，是不是應該有一個一般的原理，這便是現在我們所講的教育倫理學中一個次要的問題了。但一向的倫理學者，對於此點很少談到，尤其康德的倫理學，祇講到形式一面，對於此點竟棄置不顧了。狄爾泰雖稍稍吸有新的空氣，然除調和這樣一個形式的規定之外，於內容亦無所深論。嘗思歐美各國對於此點所以無人研究，其中必定也有一種的理由，至究竟是什麼理由？則尙有研究的必要，當非草率數言所敢武斷。但從他方面看來，他們對於此點不去顧到而仍自認爲眞正的道德論一樣，則我們如果用批判的眼光以論斷歐美思想的沿革，或者也可以說他們對於傳統的主義是如何的固執，是如何的保守了。

## 四 道德意識的陶冶及人格的養成

狄爾泰的道德教育說，議論既不十分透徹，而他生平對於教育的文字，又不甚多，上節所講的『教育果否是普遍妥當的』一文，就可以算是他的精華了。惟其中，也祇有關於知識的教育一層說得較爲詳盡，至於情意的教育，僅寥寥一頁就算過去了。其中有數行，也可以說是他的關於情意陶冶的中心思想，大意就是說此種問題在教育上應以精密的專門的知識爲基礎，即以歷史上的精密的專門知識爲基礎，同時幷須依據以現在的生活爲出發的藝術動作的種類，以爲處理。他又在藝術動作這句話下邊加了一個註解，即須具有政治家和教育家的天分的人始能行之云云。申言之，他的意思就是說關於情意陶冶的根本問題，一方須對於歷史具有精密的專門知識的人，他方須對於現在的生活具有精密知識的人，始足以言研究，至於方法一層，必須具有政治家和教育家的天才的人，而又須依照藝術家的動作的種類，纔可以談辦法。換言之，亦即具有歷史和社會的知識幷具有政治家和教育家的天才的人，且須依照藝術的動作，纔可以做情意陶冶這件事情。

狄爾泰本人就是一個具有藝術色彩的人，他所做的論文，文學方面的要比教育方面的來得多多。就是他的哲學中間，如所謂體驗，所謂了解等等，都含得有很多的藝術的意味。即如此處所講的問題，其內容固然是要歷史的而又是社會的，但把這些東西一搬到人格的陶冶上去，便有藝術的活動參入了。所謂藝術的活動，是以體驗和了解爲主的，決不是乾燥無味的知育，而是一種含有情意的藝術態度的活動。

他所說的，僅僅是上面所講的那一點兒，至於應該用怎樣一種具體的手段和方法，就沒有談到。不過我們如把狄氏對於人間的本性和兒童的本性所抱的一種見解，來詳細考究一下，也就可以知道他的道德教育的方法的一斑了。狄氏對於人間和兒童的性質果抱一種什麼見地呢？說到此處，我們又得把他的思想來源提一提，即一方他是一個繼承德國正統派哲學的理想主義者，他方又是崇拜其時風靡全歐的達爾文的進化論和生物學的一個人。我們曉得了他這種的淵源，然後再來看一看他的教育論便可以知道他對於兒童的本性和人間的本質的見地是怎樣的了。其中有一節大體上是這樣的說，即教育的狀況不論它是怎樣的不同，兒童的發達，要可以下列數語括之，即所謂兒童的發達者，便是指導兒童的精神的活動向着完全這個境地走，和結合各個的活動，向着完全這個境地走。此所謂精神活動，要不外是適合於目的的結合的一種活動。換言之，就是使各個有目的的精神活動全體都發達起來，以至於完全之境地。再換言之，亦即狄氏承襲德國正統派哲學的見地，而假定兒童的本性中間已含有使自己發達的一種完全素質的先天的存在。

看上述的議論，我們就可以知道狄爾泰的教育論完全是以他自己的哲學來做背景的。然而狄氏又是一個德國正統派哲學的繼承者，所以他對於人間的本性，一如康德之所假定有一個內在的先驗我在那兒。他的假定如此，所以他主張如果順着兒童自然的性質以助長之，便可以達到一個眞正完全的人格者的地步。又他所說的完全，和拉勃尼羨道德論中的完全說是同一類的東西。換言之，即人間的本性之中，不獨含有道德的萌芽，且含有道德的組織，如果把這個組織加以適當的培養，人間內部的本性就自然而然會開發起來了。裴斯塔洛齊的思想也是如此。不過狄爾泰於此還有一個新見解，就是生物學上的自己保存和種族保存的本能，在自我的本質中間，也是一種內在的東西。開發自我本性的手段，不是由於外部的教訓，也不是由於外部的推進，乃是由於藝術的同情所得到的了解，使其本性從內部成長起來，於是德性這樣東西就出來了。道德的形式的方面即所謂善之所以爲善的內的追求力以及狄氏所講的完全調和，這都是自我的一種內在的素質，如順其自然之性以助長之，則和自己保存種族保存的目的，也不期然而然的吻合了。我們根據着這個見地，來和兒童表同情，來理解兒童，以引導兒童自身內部的發達漸趨於完全之域，這就是道德教育。這種樣子的思想，也就是現代文化教育派中的斯卜朗茄和李特等所倡學說的一個來源。如斯氏所倡的生活形式的六種價值，即是從狄氏的調和觀念產生出來的，不過狄氏的調和觀念是一般的全體的道德規定，而斯氏六種價值乃是它的分化罷了。不寧唯是，就是和罕爾巴爾脫氏五德目，也是同類的東西。不過一個是五，一個是六，一個是德目，一個是價值，用語上稍有不同而已。又斯卜朗茄的以青年心理爲出發的青年教育論，亦係祖述狄氏之說。即斯氏以爲我們無論如何必須了解青年，和青年表同情，而後更須從藝術的方面以開發青年內部所存的價值。這種主張，和狄氏的意見完全無二，即以爲青年自身之中已具有自己完成的內的素質，由於自然的助長，即可達到道德教育的目的。

狄爾泰氏又以爲自我的內容，不是獨立的而是社會的，對於自我和社會的關係，頗爲注意，所以他的教育說也傾向於社會的方面。他又極力主張自我的內容不是普遍的而是特殊的具體的，因之，在品性陶冶的時候，首應與兒童表同情，并且了解他，從他的內部以助長他的自然的發達。說到這兒，便到教育倫理學的根本問題上來了，即關於道德教育的形式和內容雙方的考察，要不外爲道德意識的陶冶或道德人格陶冶的一種準備。然而道德的形式和內容在這個道德意識或道德的人格中間，即在自我的本身中間，是不是內在的呢？若是內在的，那末又是一種怎樣意味的內在？這個問題，實在是教育倫理學上一個不可不決定的重大問題。

## 五　教育倫理學的方法論

對於善的價值的追求，在人間的本性上如已爲一種內在的東西，則所謂陶冶，要不過是把價值追求的意識活動增強而已。然欲增強，是不可不有種種的手段和方法。談到這一點，又有各種的議論起來了。有些人以爲人間的道德意識本身即具有活動性，故即一聽其自然放任，也可以由自發的活動而完成其自己的發展。又有些人以爲一聽其自然放任，固然也可以發展，然而這不過是一種偶然的發展，如要他完全發展，那就非有特殊的手段不可。若照前者的見解，便應該是完全放任。申言之，即人間的本性中間既具有價值追求這樣一種的道德形式的要素，是則不獨可以不必用何等特殊的手段和方法，就是整理兒童的境遇和經驗等工夫，也可以不要了。這種主張，實可謂爲道德教育中的一種的極端的自由主義。

若照後者的見解，則人間本性中固存有價值追求的素質，然欲助長其發達，是不可不講求特別的手段。這種手段是什麼呢？如狄爾泰的以藝術手段而與之共鳴與之同情以助長之，這是一種。又如美國所流行即杜威所倡的實用主義，把各種的活動，適當的配置，使學生由實行以陶冶其道德，這又是一種。

一任兒童本性之自然的放任，這種見解實在是很幼稚的，且其假定也和至誠或良心一種的原始的 Metaphisic 的假定差不多，即假定兒童本性中有完全這樣一個東西存在。然而怎樣才是完全，我們仍不能有什麼先天的決定，還是要從學問上的研究的結果，然後可以知道，此固顯明之理，可毋多辯者。但至最近，仍有人主張道德意識的內容須由先天決定，且可放任不顧，一聽其自然發展。此種傳統的見解，今日尚存，其進步之遲，與他種科學相較，誠不啻霄壤了。

至於由整理兒童的環境和經驗，以期達到道德教育之目的的方法，也有相當的限制，亦即在某種程度內始爲可能。此所謂某種程度，即道德生活不能超出人間生活之義，亦即人間的生活，在某種程度內或某種具體的組織內，纔有道德上價值之義。因爲如此，所以一個人，縱沒有什麼哲學知識，縱沒有什麼倫理知識，祇要積得有相當的人生的經驗，對於社會上道德內容的規範究是怎麼一回事，也多少可以體驗得到。惟個人經驗和人生全體的經驗來比較，那就顯然見得小了，所以無論你是怎樣的去整理，要想體驗人間生活的全體經驗，終究是不可能的。是以由個人經驗所研究出來的道德內容，總是不免有所偏的。把自己的經驗組織起來，固然也可以在某種程度內得到價值的內容，然而如不經過相當的訓練，究竟其所得的價值，還是不十分堅確的。道德教育之所以必要，也就在此。換言之，關於道德意識內容的組織，固須由於自己的體驗，至若其價值內容之訂正，則非有何等的手段或方法以爲指導不可，亦卽非有教育不可。闡明道德教育的原理，幷及其訓練方法的原則的，這便是教育倫理學的任務了。

## 六 學校教育的道德教育原理

以上各節，對於教育倫理學的一般原理的主要點，已經略述一過了，茲請再將學校教育的道德教育原理，大概的來講一講，以作本章的結束。

所謂學校教育，不消說，乃是一種有一定範圍的生活活動，故在其內所行之教育，亦自有其一定的範圍。對於前述道德的形式方面和內容方面的陶冶，如果是可能的話，那末學校中間對於道德教育的目的，也自然可以達到。惟今日學校教育內關於品性陶冶的要素方面也是很多，又道德意識的某方面應該怎樣的陶冶，也各有其職能，茲分別研究之如次。

一講到學校教育，我們第一就可聯想到教師，道德教育的實施能否舉效，關於教師的人格影響者至大。然而教師的人格在道德教育上又是作怎樣一種的活動呢？關於此點，一向的教育家都沒有過什麼明白的研究。惟前幾年主張人格教育的人嘗有這樣的說法，卽所謂人格教育，乃是教師的人格和學生的人格直接相接觸相感化。然直接的人格接觸，又果根據何種原理以期教育上的效果呢？他們也沒有明白的解答，祇不過是人格感化或人格力等一類的漠然解釋而已。

倘若人格祇不過是我們一種的意識主體的話，則教師活動之時，對於人格的那一部分和在那一種的關係上，纔能影響纔能感化，這一點如不弄明白，那末道德教育須用何種方法何種手段纔可以有效果就無從討究了。總之，人格這個名詞，意義本很漠然，至於世俗所謂人格者這個名詞，意義就尤其來得漠然了。照我們想來，所謂人格者無非是在道德意識的形式方面他具有追求善的價值的活力，在道德意識的內容方面他的行動能和這適當合理的社會生活相適合。這個解釋若對的話，那末人格者必定是一個有稜角的人，即他的一切活動，必抱有一定的主張，和他這主張相合的他就做，不相合的他就要反抗，申言之，即其意識表現無不適合於道德意識的要件，其行動表現能篤信實行，這就是一個眞正的人格者了。

由教育者的人格所施的道德感化，又應向着那一種方面去活動呢？教師的人格之於道德感化，往往不是道德意識的內容方面，而是道德意識的形式方面的活動量。即教師如果是對於善的信念甚篤，處處都在追求着道德的價值而行，換言之，即教師的人格的形式的活動量如果是很豐富的話，其及於學生的影響，也必定很大。申言之，即其所影響的方面就是學生的道德意識的形式的方面，尤其是在青年期的學生，他們自身的心理狀態本來就富於某種的理想或價值的要求的，如果尙在動搖不定的情況之下，則教師若能從人格上與以毅然的信念，其影響必甚大。

康德學派的人，對於道德的形式方面，最爲注意，并且他們認爲這種形式，就是道德的生命。不過平心講來，不獨康德學派如此，就是任何學派的人，也應該這樣承認的。一個人所以缺乏道德的觀念，或對於道德的信力不深，這都是由於道德意識的形式方面未曾確立的緣故。亦即他們對於善之所以爲善和價值之所以爲價值，尊敬的觀念太薄的緣故。要想陶冶他們，并使他們發生信念，這就有待於教師的人格力了。

然而我們理想中的道德意識或道德的人格，如前所述，必須是具有形式和內容雙方的，即有怎樣一種的形式，就必須有怎樣一種的價值內容。從而教師的道德人格，一方固然是要具有一種強烈的形式的力量，同時他方也須要有某種固定的內容。例如一般社會改良家以及革命家，他們用一種熱心真意去作價值活動的時候，必定具備得有何種的內容，此其一。然而對於道德價值追求之念雖很強烈，其所採之道德意識的內容，不一定是妥當的。例如有好些人的行爲，內容雖是很偏，而從形式方面看來，卻是一種完全的態度，此其二。又意識活動的形式方面很強烈的時候，其情操的要素亦隨之而發生強烈的表現，因而往往缺乏冷靜的理智的批判，此其三。要之具有道德意識方面的理想條件的人，其道德意識的內容方面，往往易有缺憾。所以一個做教師的，要想在他人格上來表示一個模範，對此形式和內容二方，先須自己檢查一下，否則，自己的意識內容上既有了缺損，無形之中便可使被教育者受到不好的影響了。

關於倫理學或道德教育的科目，如修身等（我國現時小學校對於修身一門未設專科，僅在高中設有倫理學參照本編第七章之第一節）在道德教育上又有若何的意味呢？自道德意識的陶冶觀之，這和由教師的人格所生的道德的感化，其效用恰立於相對的地位，即教師人格的感化，以道德意識的形式方面為主，而倫理修身的教授，則以道德意識的內容應該如何的組織纔算合理纔算妥當等等的知識啓迪為主。換言之，即以闡明何謂善何謂惡之善惡的內容為主，亦即道德意識的內容的陶冶是。這種方面的教學，多偏重於道德的知識，所以有好些學者，頗不贊成這種辦法，以為光靠倫理或修身的教授，對於學生道德心的養成，無多大效果，此亦美國杜威一派的行動主義或『錯誤試行』(Error and trial)法之所由來。因為如此，所以對於學生應該怎樣努力去追求道德的價值和德目的實踐，自不能不用他種方法以為訓練。不過我們也不能說此種科目的教授，對於道德意識的形式方面的陶冶完全為不可能，何則，因為教授此種科目的還是教師，教師無論如何總還是一個人格的主體，他的人格的影響，仍舊還可以及到學生的道德意識的形式方面去的。問題至此，又牽涉到教學的方法上面來了。所謂教學方法，雖屬教育的實施問題，但亦和教育倫理學的基本原理，頗有關係，茲請將美國最流行的行動主義一派的學說介紹如次，以作為本章的一個結束。

## 七　學校教育的道德教育思潮

所謂發生主義，其源出於行動主義和人本主義，一以發生的自然的立場為其理論的根據。美國杜威，即此說的首倡者，他如摩耳（Mocra）拔格來（Pagley）勃特（Bode）柯若爾脫（Coursault）劉欣加（Ruediger）等都是這一派的人。他們都是贊成行動主義而又主張人本主義的。所謂美國的教育新思潮派，即係指這一派的人而言。

他們的見解，以爲兒童自有其特有的要求和特有的生活，而教育的目標，即不能不以滿足他們這種的要求，和發展他們這種的生活爲主眼。兒童決不是大人的一個縮小的模型，無論是他們身體外部的構造也好，內部的組織也好，都有和大人不同之處。在不獨身體上如此，精神上也是如此。如理會的徑路，記憶和想像的方式，感情和意志的發動等等，均各有其特殊的情態，截然和大人不同。因爲如此，所以我們對於兒童特有的要求，特有的生活，都不能不用一種特殊的方法來對待他，以滿足他們的衝動，以發展他們的興趣，以開發他們的素質。一言以蔽之，即我們處處都應該尊重他們的個性。

我們如再放大眼光，向生物界一看，便可知道教育上所謂學習這件事情，和一個生物的生存上有如何重大的關係了。生物之所以爲生物，即在其能爲生而生。因爲要求生，所以一面不特要自己防衛以避免危害，他方還要適應環境然後可以保持他的生命。唯其如是，所以不得不採用「錯誤試行」（Error and trial）的方法，以求了解關於自己境遇上所必要的事情，以擴大自已的經驗。這種的活動就是我們所謂學習。學習的意義如此，因之兒童也必要在他們自己所必要的事情上，以錯誤試行的方法來取得種種的經驗，自訓練言，兒童到了一定的時期，他們也自然會得去積蓄他們的經驗的。何以呢？因為自然便是他們最安全的指導者，環境便是他們最有力的忠告者啊。我們施教育的人，如想硬要怎樣怎樣去訓練他們，這便是無理了。毋寧取一種旁觀者的態度，只消替他們把環境整理起來，一任他們的自然發展就是了。這種見地，就是教育即生活，教育理想即生長的原理，申言之，即在某種階級的兒童，便應該使他們對於該階段所特有的要求，所特有的生活，得到滿足。那末，他們到了次一個階段，也自然會從那個階段所特有的要求所特有的生活去求得滿足了。勃特說：『某階段的生活本身，如已到了充分發展的時候，他自然會走入較高的一個階段，而這生活的本身，便是踏進各階段的一個梯子。』我們教育兒童，並不需要我們替他們詳細規定，或詳細教導他們為着二十年三十年之後，現在修養上應該讀某某書，或經營事業時應和何種人搭伴，祇要使兒童能夠在現在的生活中得到他們的充分的生活，那末，他們長成了大人之後，自然而然也會過大人的生活了。要之，人類這種東西，無非是用過去的經驗來解決他們的新問題罷了。此固擴充經驗之途徑，抑亦人生發展之所由。實際上，我們就是這種樣子的去覓新機會，新目的，新理想而生活的進行，也即以此而打開實現之途。理想是無限發展的，人是不斷生長的。如那種預定的先驗的理想，或固定的殭死的目的，在這一派的教育家的主張，是絕對要排斥的。勃特又說：『教育即是生長的過程，也是能力的自由發現，我們在教育上所舉的目的，也不過是此種生長所必至的一種方向的指標罷了。』又說：『我們所應採用的最希望的最有意義的教育理想，便是促進知的精神的生長。我們如果允許教育上可以有一個比較概括的目的的話，那末，這個目的，必須是適合於新目的的創造的一種準備而後可。生活是現在的不斷的擴張和變形的全過程，現在的事業即是將來事業的手段，現在的知識即是將來知識的準備，現在生長的能力即是將來生長能力的存儲。如想確立一個固定的概括的目的，這就是他不了解生活這樣東西是千變萬化的了，像這樣廣大的東西又如何能够限定牠呢。即使定了標準，若世界一進化，便即刻成爲落伍的東西了。目的理想等等，是要和環境的變化，知識程度的增進相策應的。生活之所以成爲生活，及其充分存在的理由，全在這進步的以表現自己，擴大其能力，豐富其經驗。所以教育的意思，實實在在講起來，即便是生長。」

然則上述所謂生長者，其所向之終點之間，又包含着些什麼東西呢？又生長二字是不是走近目標的意義呢？倘是如此，那末生長之最後的意思，還不就是目的嗎？還不就是理想嗎？關於此點，是派首倡者杜威的意見，以爲這是一個哲學上的根本問題，換言之，教育哲學問題至此，遂不得不求解決於一般哲學的問題了。關於此項問題的解答不外二途：即一，視生長爲過程（或手段），申言之，即生長爲達到較優的較高的境地之一種手段。此說，乃是由靜的方面來觀察宇宙的一種見解，不過最近科學的進步，此種見解早已爲一般人所不取了。現在的人早已認運動，變化，過程等等觀念爲最根本的東西了。第二，我們縱退一步言，而承認究極的實在是靜的，生長是比較的，因以爲教育的究極目的應築在靜的基礎上，但教育仍不能不以生長的過程爲出發，何以呢？因爲關於究極目的的性質，我們還是要從生長的過程中間去逐次得來，去逐次理會的呀。從事實上講，一個兒童的生長，我們也可以從他現在的狀况，加以研究，而得到一個決定。不寧唯是，我們還可以從他的身長，體重，以及其他的現象來一一加以觀察，并且把這種變化記錄下來，由於這種方法所推知的結果，雖不能說是究極的生理的完全的理想，然而聰明的醫生或父母已很可以根據這個來推測兒童的生長，停頓，或衰退了。同樣的，教育者如把子弟的心理上品德上所起之實際的變化，詳細調查，并於調查的方法，亦精密研究，那末這種變化之於生長有何意味，也自然可以定出一個標準來了。教育哲學倘能從這個目的上而認生長爲主要的目的或理想，而避去一切迂闊的哲學的見地，自能對於教育特有的事實發爲賢明的應用，可毋待言。

上述發生主義，祇不過是近代教育思潮中之一例，因此種意見頗可爲道德教育實施之助，故特舉於此。此外尚有理想主義，個人教育主義，社會教育主義，文化教育主義，形式陶冶主義，實質陶冶主義等等，限於篇幅，不悉備舉。

# 第四章　教育倫理學的效能及其限界

## 一　道德教育實施之可能

一個人都有受教育的可能，換言之，即施之以教育必伴有相當的效果發生，這就是教育事業的一個基本假定。以基本假定決不是一個偶然的空論，證諸古今東西的教育史實，其成績均班班可考。人類的本能上即具有一種自發的活動能力，適應內外界的刺戟，而使其身心自然的發展。不過僅任其自然的發展而毫不施以教育，對於文明社會的生活就不能適應了。何以呢？因爲人類本來就是營共同生活的一種社會的動物，個人決不能離社會而獨存。所謂文化，便是從多少年來共同生活的經驗而發生的。但人類出世之時，文化是不會遺傳的，必須生後習得，而後再可以把這前代文化傳承下來。這習得即一般所謂教育是。故將前代的文化傳達到後代，便是教育的主要任務。

基於上述文化傳承的必要，和習得的可能，則教育一事，實爲人類不可缺的一個要件。教育者如意識的，有計畫的，繼續的以指導被教育者本能的活動，而促進其身心的發達，必有若何的效果發生，斯固可斷言者。一個人縱聽其自然放任，對於其所生息的社會中間文化，固也可以習得一點，但其所習得的，總不如受過教育的來得確實，這又是可以斷言的。

教育的可能和效力，如上述云云，似已無可疑義。然而輓近歐西教育界，仍不免有抱反對說的。即有些人以哲學上的宿命論爲根據，而主張人類發達的運命，在其出世時早成定局，決非人力絲毫所能左右。又有一些人根據必然論，主張人類的發達過程，恰如天體的運行，一須遵照必然的不可避的法則，而不逸雷池一步。又有一些人引證遺傳學的原理，而高唱教育無效說。議論紛紜，頗能聳動人們的聽聞。我們雖不敢堅持教育的力量可以把人類的頭腦根本改造，但也不願附和這種教育絕對無能的新議論。要之，教育能幫助人類，使其得以自然的發達，這一點點效果，想人人都是不能否認的。

抑有進者，對於白癡者教育，固然是不可能，因爲這是一種病態，我們當然不能把它和常態的人來作比擬。然而向來認爲教育的力量殆已絕望的劣等生的低能兒，據最近的研究和經驗，由於教育方法的何如，已經得有很顯著的效果了。但還有一種的學者，對於智育體育的效果固然是承認了，對於德育的效果則以爲一個人的性格決不是教育的力量所能左右，如德國的叔本華（Schopenhauen 1788—1830）即是主張此說最力的一個人。德育和智育相比，固然是德育來得困難一些，教育對於性格上的訓練，殆呈無效之觀的例子，固然也不是沒有，但最近不良兒童的救濟事業，和不良少年及犯罪者的感化事業，其進步及成績，皆彰彰在人耳目。要之，在普通教育所不能舉效的，在特殊教育却能舉效，這種的事例，現代實在不少。現代教育方法的進步，對於異常的不良的兒童和不良的少年，尚可收得相當的效果，那又何況於通常的人們呢？至謂現行教育制度不良，或學校教育的成績不好，這又另是一個問題，和教育的可能與否，仍舊是沒有關係的。

從種種方面觀察，教育的可能和效力，我們既不能加以否認，那末關於個人品性的陶融問題，自然也不能絕對加以否認了。而且我在本書的最前面就講到過，道德教育不限於學校教育之內，牠和社會教育，即一閱國民道的修養上，也有莫大的關係。國民道德提高一節，事雖不易，我們站在教育者的立場，終不應以悲觀出之，亦惟有向各方盡力，以期待將來發生更有力之效果而已。

## 二 道德教育實施之限界

我們對於教育效力的可能性固然是承認的，然而決不是萬能，決不能一如教育者心之所欲，得收無限的效果。卽教育上所及的影響，是要受多方面的限制的，此多方面，有有利於教育的，也有不利於教育的。我們如若對於這個限制或範圍能認識淸楚，那末，不獨一般教育，卽道德教育的實施，也可增加若干的把握了。這種教育效果的限界，我們又可稱之爲限界的原因，大別之，有內的原因和外的原因二種。

（一）內的原因——卽被教育自身所固有的原因。

(a) 生理的及心理的法則　一個人的身體作用須受生理法則的拘束，精神作用須受心理法則的支配。是以教育的方法和道德的訓練，決不能違反生理的及心理的法則，倘不顧到此種法則，則一切設施，必至徒勞無功。教育祇能對於人間的身心的自然發達與以助力，而道德的法則，亦決不能與之背道而馳，且須以此種種法則爲之基礎。

(b) 年齡　一個人必須漸次發達，到一定的年齡，始能成熟，卽由出世以至於成熟，必須經過若干的階段。道德意識的發達，也是如此。教育方法，須與身心發達的程度相應，道德訓練，亦須與身心發達的程序相適合，苟能如此，然後可以收相當的效果。尤其是在學校內實施訓練之時，對於兒童心理及青年心理，殊有加以研究的必要。教育的效果，是可以因年齡的不同而發生極大的差異來的，故善良的教育方法，必先求其能與年齡的關係相適應。

(c)男女的性別　男女間生理上既有不同，心理上自亦不無差異。道德的本身，固然是無有二致，然道德訓練時在教育上所應注意之點及其效果，則不能說男女間全然可以一樣。即以將來的責任論，女子所負的亦未必與男子相同。故我們在實施之時，必先問被教育者爲男爲女，而後採用特殊的方法，則其所收的效果，必較無差別者爲大。

(d)遺傳與天稟

甲、天稟　一個人一面受生理心理法則，年齡，及性別等的制限，他方又生來即受父母所遺傳之特有的體質和心性的影響。此由父母遺傳之特有的體質和心性，二者相併，亦曰天稟。天稟雖可由生後的發達，如個人的境遇經驗教育等的關係而生變動，但天賦之體質和身體的發育，實有莫大的關係，而天賦的心性和精神的發達，亦有相互的制限。二者相待，斯成個人的特性，此個人的特性，亦遂成爲教育上的限界的重大原因，雖教育之力，亦難以左右。例如個人的身長生來即有制限，無論如何鍛鍊，也不能再延長多少。天性魯鈍的頭腦，無論如何教育，也不能成爲聰明之人。稟性不良之徒，無論受何等的教育，不能改變他的惡質。

乙、遺傳　關於遺傳的學理的說明，今尚紛紛，未有定論。上節所謂天稟，自遺傳的見地看來，此種性質卽係受之於其父祖者，亦卽除人類之共有性外，自毛髮皮膚面貌體格始以至氣質性情等止，民族的特性固然是屬於遺傳的，同時個人的特性也是屬於遺傳的。至若其中最顯著的，則爲疾病，瘋狂，犯罪者，不具者，低能兒等的特殊遺傳。關於此種遺傳的事實，固無可疑，不過我們現有的特殊知識技能或疾病，是不是卽爲直接所遺傳的東西，尚未能遽斷。何以呢？因爲父母所遺傳給我們的身心，不過是將來可以成爲怎樣一種東西的質素，由於生後內外的刺戟，再把這個質素實現出來，各發揮其個人的特色，或爲疾病，或爲特殊之知識技能。然而雖屬同樣的質素，倘教育，境遇，及其他的生活狀況不同，其實際上所發現的也自然要兩樣了。我們對於一個人的道德訓練，固不能蔑視其遺傳性，但不使其惡性的遺傳充分實現，或設法加以遏抑，這也是很重要的一件事情。

丙、天才與癡愚　最卓越的音樂家或美術家，一半固然也是由於技術上的修養，然其天稟卓絕，究非常人所能企及。是卽所謂天才。自心理學言，音樂的天才，聽覺必特別來得敏銳；美術的天才，視覺觸覺必特別來得敏銳，文學的天才，必有強烈之感情；數學哲學的天才，必有冷靜之推理力。天才的人所認爲易事，在常人不獨感覺困難，卽極力學習，也辦不到，然而天才的人，也只有他所得意的這一點是卓絕的，其全體心性的發達，往往失其平均。而且有好些天才家，品性非常惡劣，徵諸事乘，所覩不鮮。又知這個相反的，劣於常人的人我們常稱他爲魯鈍。其帶有病態的則稱爲癡愚（Imbecile）及白癡（Idiot）。自天才至白癡其間可以分成多數的階段。

這種異常兒的原因，據最近的研究，證知其爲遺傳的關係。例如低能兒的父母，大多是有結核，黴毒，酒癖，精神異狀，血族結婚等的某一種原因的。

丁、常人的個性　常人亦因天稟的質素不同，而有種種的特性。學者間曾把它分爲若干的類別。自知覺上言，則有所謂知覺型者，其中又分爲視覺型，聽覺型，運動型。知覺型又曰記憶型，近年來實驗教育者對於此型大有研究，拉伊（Lay）稱之爲直觀型，莫伊門（Meumann）則稱之爲觀念型。從這種個性的研究爲出發，以講求教育的方法，教育的效能，亦於焉大增。

知能的個人的差異及其試驗法，也有莫伊門等多數的學者加以研究。至若個人感情的特質，則在古昔茄倫（Galen A.D.）即把牠分爲四種，多血質（Sanguine），膽汁質（Coleric），憂鬱質或神經質（Melancholic or nervous）粘液質（Phlegmatic）等四氣質（Temperament）是。惟茄氏這種分類，乃以體內的液質爲根據，其於生理上的知識極爲幼稚。現在一般學者，在便宜上雖也採用這種的分類，但更於其中區分爲刺戟感受的強弱和反應的遲速二者，其關係因益以明瞭，茲附表如次：

| | 刺戟的感受（感情之強度） | 反應的遲速（感情變動之遲速） | 時間 |
|---|---|---|---|
| 多血質 | 弱 | 速 | 短 |
| 膽汁質 | 強 | 速 | 長 |
| 憂鬱質 | 強 | 遲 | 長 |
| 粘液質 | 弱 | 遲 | 短 |

這種氣質不同的人，其於行爲上的表現，當然也是兩樣。這也像我國所謂沉潛高明等等的區分一樣，和道德上所表現的品性，是極有關係的。

戊、天稟與教育　不論那一種天稟的質素，都是可以影響到教育的效果的。但也有利與不利之分，如天才兒童是屬於有利的一方，而不具，虛弱，低能等兒童則係屬於不利的一方。至若癡愚，白癡，瘋癲等則是否爲教育之力所能奏效，尚屬疑問。

天稟的素質不一定是固定的，教育的方法不同，其發展的成績也就兩樣了。換言之，即誘導的方向來得適當，教育的效果也特別來得大，反之則勞多而功少。例如對於稟性薄弱的兒童，用普通方法不得效果，如另外改用一個適當的方法，就可以收到非常良好的成績。輓近個性尊重的聲浪頗高，而低能兒教育發達的原因，也是從這一點上來的。

智育的教育，比較來得容易一點，至若感情和意志的教育，則就非常的困難了。對於感情意志有病的異常兒，尤其是來得困難，不良兒童不良少年的感化教育之所以不易辦，卽是爲了這個緣故。關於此種方面的教育，近年來也非常的進步，這是因爲一般教育家對於教育的效果和天稟的制限的關係，都有很精密的研究，並有適當的方法以爲之輔，所以得有如此的效果。

(e)身心的狀態　除上述外，個人生後身心上所起的一種一時的異狀，也和天賦的東西一樣，可以成爲教育效果上的限界。如疾病卽其最顯之例。身心的一時異狀的原因，固有屬於內部的，也有屬於外部的，然而這都是起在被教育者的身上的，所以仍把它當作一種內的原因看待。

(二)外的原因　被教育者的環境上所起的事件，致教育效果上發生制限的，皆屬於外的原因。此種影響，有一時的，有永續的，有無意識的，有有意識的，有無利於教育的，有有利於教育的。其間永續的一種，及於被教育者身心的影響極深，有時殆與天稟的素質無甚差別，此種生後得來的東西，通常稱之爲習得的素質，亦卽所謂第二天性者是。又劇烈的一時的影響，也可以使被教育者的身心發生重大的變化。此種外部的原因也很多，茲僅舉其重要者如次：

(a)天然的環境　此處所謂天然環境，蓋指被教育者生長地方所圍繞之自然界而言。詳言之，卽鄉土的位置，地勢，地質，空氣，氣候，出產，食料等皆是這種東西，對於我們生後的身心發達，可發生直接的影響。盧梭以外物的影響為教育的一方面，還有一些學者直以天然環境為文化發達的唯一原因。由此可知天然環境及於人類的關係，小則可以影響到個人的品德，大則可以影響到一般的風俗人情。如我國南北人之異其氣質，即屬此理。

動植物與人類相較，其受天然之影響尤多。人類中去動物生活為不甚遠的未開化的蠻人，其生活也大半須受天然力的支配。後來人智發展，漸次征服自然，人為的文化愈高，其去自然界亦愈遠。然而無論是怎樣的文明，究不能完全脫離四圍環境的影響。久住一地之民族如此，個人也是如此。天然地勢影響於住民的氣質，夙昔即為世人所公認。如居高山峻岳者，多豪宕勇壯之氣，居深林幽谷者，多沈着灑脫之風，居廣漠平野者，其氣宇襟度多豁大，居豐土沃壤者其稟性資質多溫良，居荒郊瘠土之區者，性必剛勇，居交通便利之區者性必敏活，山川秀麗定產文人，風景清幽，必多佳士，要之，大陸國民自有大陸國民的氣質，島國居民自有島國居民的根性，自然所限，不可強求。

至於氣候也是如此。如北方的氣候，陰鬱之時較多，生於該地的人，其性情常沈毅持重。南方的氣候，晴朗之時較多，生於該地的人其性情常恬淡活潑。兩極冱寒性多萎縮，赤道苦熱，性多怠惰。如氣候適度土地豐饒，且有舟車之便，則其日常生活，必多餘裕，其文化的發達，亦必易於促進。反之氣候嚴寒，土地磽确，交通不便，食物缺乏，其平素的營養已屬不良，則身心的發達亦必不能暢遂，所以這種地方的文化往往是不能十分發達的。我們只消一看阿伊斯蘭人和愛斯凱莫人的情形，就可以知道了。但天然的恩澤過優，文化反不能發達的地方也有，這就緣於他們生活太易，反不能使他們作任何的努力了。

又地勢地質的如何，直可以影響到住民的產業和社會的組織。如平野的人多業農，高原的人多畜牧，海濱的人多業商，產煤的地方則出大工業等是。

以上種種的相互綜錯，便是一國國民性之所由構成，若以教育見地觀之，就是屬於效果制限的問題了。

(b)家庭　家庭是人生的根源，宅的影響，當然比天然的還要來得大，切言之，教育的開始在家庭，其後縱是學校教育，倘家庭教育不良，學校教育的效力，必爲之減殺。屬於此種關係的事情也有種種，茲舉其主要者如次：

甲、家庭生活狀況　衣食住和其他的衛生狀況，對於兒童的身心發達影響至巨，其中尤其營養不良的兒童，如常受饑餓的貧兒和有病的虛弱兒童，都是不能得到教育上的充分的效果的。年來各國大都會對於上述兒童的救濟事業亦頗發達，是藉公共團體或慈善團體之力，以補家庭生活之缺陷了。

乙、住所　其所居之地爲村落或爲都市，在教育上也有顧慮到的必要。大凡居村落者，家庭節儉，易養成樸質之風。居都會者，接觸較多，易養成奢侈之習。村落受天然的感化力大，都會受人爲的影響力深。然都會的文化通常雖較鄉村爲高，但所受文明的毒害，亦較鄉村爲烈。村落生活雖較爲單調，少活潑之氣，進步亦較遲，但罪惡的誘惑則少於都市。由上述觀之，村落都會互有短長，惟以教育的效力論，則都有影響。

丙、家庭中的人物，宗教，教育，職業，家風　凡此種種，莫不與被教育者的精神發達有密切的關係，尤其在訓育上占有極大的勢力。兒童將來的品德如何，傾向如何，均可由此以爲預測。

丁、家庭的特別情事　被教育者或爲孤兒，或爲繼子，或遭其他的變故，呻吟於慘境之下，如所謂孤臣孽子一流的人，其性情必與常人不同。或因之而奮發有爲，或因之而自甘墮落，此不獨於教育的效果上發生重大的制限，抑將於個人的人格上發生特殊的影響。

(c)教育制度和教育機關　教育的效果，和教育制度的良否，學校機關的優劣，均有關係，其中尤以教師的人物，品德，學問的素養，教授法的巧拙，影響最巨。例如在同等的年限之下，費了同樣的勞力，因爲國家，學校，教師等的不同，其效果自大有差異。

(d)社會　被教育者除家庭和學校之外，其餘都是和社會相接觸的時機，故社會及於教育效果的制限，也是很大。一個人一面是家庭生活，他一面就是社會生活，其相關之巨，不啻家庭與學校之關係。茲舉其重要者如次：

甲、交友　不論一個人的年齡是怎樣，總不至絕對沒有交遊，交友的用處，不獨是交換知識，而且可以砥礪品德。然而交友也有損友益友，這是人人都知道的。如果所交的是損友，那末，不論是家庭教育或學校教育，連根柢都可以被它所破壞。彼不良少年團等等，即是此中的一個顯例。

乙、社會的風俗，習慣，風紀與論　這也是和個人品德的養成，有極大的關係。里名勝母，曾子不入，邑號朝唱，墨子回車，也就是爲了這個緣故。

丙、社會制度　良好的社會制度可以助長一般人的知德的進步，而社會一般人的知德的進步，也可以促進社會制度的改良。社會制度者何，即工商業制度，公共衛生制度，交通通信機關，消息傳遞機關，社交機關，娛樂機關，學術機關等均是。此種制度的良否，實和國民道德的修養上，有莫大的關係。

丁、時代精神　一個時期有一個時期所通行的一種精神，生息於其間者，不知不覺之中便受了它的支配。這精神叫做時代精神（Zeitgeist），又叫做時代思潮。時代精神的所以形成，據今日社會心理或羣衆心理的考察，乃是這樣一種情形，即我們一方有一種模倣作用，於無意識之中模倣他人之所爲，他方有一種暗示作用，於暗中將當時社會所通行之思想，表現於個人行爲之間。道德的思想，也是跟着社會思潮走的，潮流一變，無論是怎樣大力的人，要想挽回也是困難的。

戊、社會的特別情事或事變　戰爭，災荒及其他的大事變，都可以影響到人心，有時且可因爲這種的大變動而把整個的道德都摧毀了。在此時期，一個人極容易暴露他的原始的心理，甚或一變而爲獸性的發現。如戰時及災異之際，殺人而食，這便是最好的一個例證。

(e)國家　現時一切教育事業，都在國家支配之下行之，其方針及實施辦法，亦均由國家負責計畫。而國家立法上及其他一切政策上所表現的法令規章，都足以爲其時一般國民道德上以及權利義務的觀念上的根據。尤其是國體和政體的關係，可爲全般國民思想傾向的表徵。

# 第五章　教育倫理學上的訓練問題(一)

## 一　輓近教育家對於道德訓練之主張

教育倫理學的實際方面，即道德教育的實施方面，關係最切的莫過於學校訓育。關於訓育方面的問題亦有種種，其中如道德教授的理論和實際問題，一般訓練所採用之方針問題，訓練的環境問題和年齡問題等等，在研究道德教育的人，皆有一瞥之必要。茲請先就關於道德訓練的理論略爲敍述如次。至輓近各國的狀況及其實施方法，則請俟下編。

凡實施道德訓練之時，我們應就人類道德意識發達之自然的順序，先由他律的方法，以養成其意志的習慣，漸次加以自律的要素，完成其自己的訓練。以時期言，小學校時代的訓練，以他律的爲主，中等學校時代的訓練，則漸次進爲自律的，自青年後期以至成年，則全然爲自己訓練。在他律的訓練時期，須絕對服從，漸次進於自律的時期，自由的要素亦漸增，比至自己訓練，則可一任其自己的良心以爲自由的行動。由他律以至自律，由服從以至自由此服從與自由他律與自律亦決非互相矛盾者。蓋他律的訓練係由外部的指導以服從道德律，而自律的訓練則由自己內部良心的命令以服從道德律自道德實行之點言兩者初無二致。由此觀之自律他律與夫自由服從，也不過是道德意識發達順序的一種表示而已。

由他律以養成意志的習慣，在訓育上叫做干涉主義由自律以養成意志的習慣，在訓育上叫做自由主義。上述訓練的順序就是先由干涉主義以入於自由主義的一種方法。完全採用干涉主義或完全採用自由主義，都是不對的因爲這是和道德意識的發達順序不相適合的。所以最穩健的，還莫如二者互用的調和主義。

自原則上講，訓育的方針固應該由干涉主義以入自由主義，纔始合於兒童道德意識發達的順序。然而歷來教育家中頗有偏於一方者，或極端標榜自由主義，或極端傾向干涉主義，因而訓育上遂有種種的議論發生。

如十八世紀時，法國盧梭所主張的學說，便是一種極端的自由主義。他嘗謂：『由造物者手上出來的時候都是善的，一經人間之手便都墮落而入於惡道了。』他又說：『對於一個人，倘隨着他的自然的本性，讓他自由的發達，將來必定是成爲善的。所謂惡行，決不是一個人的天性。所以教育者在訓育上的任務，不在敎訓，不在命令，不在拘束，也不在處罰，一任兒童依其自然的天性以爲活動就得了。最多也不過在消極方面不要使兒童的天性受損，不使他們感染邪惡。凡兒童在十五歲以前一切積極的訓育都是不必講的。』盧梭這種主張，從其由兒童天賦模倣用以爲善行一點言，固亦暗合於最近一般教育者之說，惟其絕對排斥外部的束縛和拒絕他律的要素，并一任兒童天性之自然的發展等等，則是其太偏之處。蓋其所謂自由主義，毋寧稱之爲自由放任主義爲宜。何則，因爲他絕對排斥他律的要素，對於學校訓練一層，已全然棄置不顧。此種極端主張，流弊至巨，卽一方兒童既無養成服從克己自制等美德之機會，而他方又否認道德之威權，馴致人皆成爲放蕩不羈之徒，使一切訓練，均歸無效。人之一切行動，既均係依本能而行，一無選擇，是則謂世無訓育也可。

又如德國的汎愛學派，也是崇拜盧梭一流的學說，而反對訓育上用強制主義的。他們以爲教育第一須使兒童感覺到愉快，最好的方法是寓學習於遊戲之中。這種主張，也近乎是一種放任主義。遊戲固然是要以自由爲主，然爲將來社會共同生活的準備起見，則不可以不含有何等束縛的要素。卽自訓育上言，遊戲一事，亦非漫無制限，蓋爲參加將來的實際生活，除遊戲外，業務的訓練，當爲必要。故過於重視遊戲，也是不適合於教育的目的的。

又最近瑞典的愛倫凱女士，和德國的格利脫教授，也是贊成盧梭之說，對於干涉主義反對頗烈。他們而且根據事實的研究，對於教育上干涉兒童壓迫兒童的弊害，詳加指摘，議論頗多精闢之處，但其所謂個人的自由，解釋仍不免稍偏，且顯有自由放任主義的傾向。

又意大利的蒙坦梭利女士，也抱有同樣的主張。她并且製造了不少的特殊教育用品，來作他這種主張的實驗，這種新試驗，卽所謂感覺教育是。她同時在訓育上主張極端的自由主義，她以爲教師的任務，當一如盧梭之說，對於兒童絕對不要干涉，不要命令，不要威嚇，也不要加以絲毫的賞罰，只消完全站在旁觀者的地位，時時給以暗示，使兒童得以自主，幷由此自主的心理以支配他自己的行動。她所提倡的那個感覺教育，乃是以三歲至七歲的兒童作對象的，但照我們看來，這樣年齡的兒童要完全用自由主義來訓育，恐怕有點不可能。而且女士所講的自己訓練，其意義和我們所講的青年期以後所適用的自己訓練，也大有逕庭。不寧唯是，我們再就她所辦的實際教育的方面來看一看，卽她對於兒童的自由也有兩個條件：（一）須顧及團體的利害，（二）舉動須優美典雅。此外，兒童如有不好的舉動，則應促起其注意，或以嚴肅的態度對之。試看此種辦法，是不是對於兒童仍不免有加以外部束縛之處，若是的話，那末女士所主張的自由主義在事實上已經是不徹底了。所以她所講的自己訓練，也不過是比平常的訓育加多了一點自由的要素而已，若完全放任，事實上就要辦不通了。

極端的干涉主義，乃是一種古代式的訓育主義。以威壓束縛的手段，養成規律嚴肅及絕對服從的習慣。此種訓練，可稱之曰威壓訓練，或軍隊式的訓練。這種的訓練方法，當然含有很多的缺點，卽第一有蔑視人格之嫌，第二有束縛個性之嫌，第三易使人成爲機械式的盲從，第四對於教師內心雖不悅服，表面上又不敢違抗，易養成虛僞的惡德。此不過其犖犖大者，其他還有不少派生的弊害，實不勝舉。因爲如此，所以引起一般提倡自由主義者的極力的反對。不過到現在已經沒有主張這種極端干涉主義的人了。要之，極端的自由主義和極端的干涉主義，二者均有弊病，所以現在一般訓育上所採用的原則，還是就二者並用的來得多，這樣一來，弊害就可減少了。

最近英美所採的訓育方法，和德法所採的訓育方法相較，大體上雖都是以他律的訓練爲出發而終於自律的訓練，然英美則以自由的要素爲多，而德法則以干涉的要素爲多。這也是因爲他們的國民性各有不同，故所採用的方針也稍稍有異。然而我們決不能以此而遽斷他們孰優孰劣，何以呢？因爲國民性既不相同，訓練的方法當然不能一律，這也是自然之趨勢。蓋英國的國民，愛自由，重個性，且其自治精神，夙爲世界之冠，所以他們對於國民的訓練，自由的要素居多，自是當然之事。美國的國民訓練，其自由的要素，較英國爲尤多，這也是因爲國體上的關係，可毋待言。至於德法二國，最近學校訓育上亦盛唱自由主義與自治主義，此亦顯係受英美之影響而然，如德國的格爾特在其所著書中，即明明白白的講到這一點。蓋德國國民，向來講究絕對服從，其軍隊之規律森嚴，爲世界模範，長幼尊卑之別也很顯著，故其對待兒童的情形也不像英美來得那樣的隨便，即學校中的教師，威權亦也很大，所以他們的訓育，總始終離不了一種軍隊式的傾向。至於法國的國民訓練，則因爲是受了耶穌舊教的訓練法的影響，外部的束縛多而且嚴，但揆諸實際，其規律的厲行，實遠遜於德國。德法相較，德國國民係以鐵腕鍛鍊其子弟，法國國民則以柔弱的方法訓練其子弟，因爲柔弱過度，保護過度，所以法國的教育又有溫室教育的一個徽號。如蒙坦梭利女士的教學法，反在英美二國能够喧傳，德法倒不甚流行，觀此諸點，則各國國民性之爲如何，已可思過半了。

國民教育的目的，如果是在養成適當的國民生活的話，那末國民訓練就不可不參酌其時國民的實際狀況以爲轉移。不寧唯是，一國國民性的養成，和國體上亦有莫大的關係。更進一層，還有歷史的傳承，民族的觀念等等在國民訓育上也占有極重要的位置。能够把以上諸點，都能一一顧到，這纔可以說是眞眞的國民教育。

## 二 環境與道德訓練的相互關係

（一）家庭學校社會在道德訓練上的相互關係　只消一講到教育，一般人就會聯想到是學校教育，一講到訓育，一般人都會聯想到是學校訓育，其實這個範圍未免太狹，光靠學校一方的陶冶，是決計不能收到完全的效果的。品性的養成，必須是先由家作基礎，學校繼續之，社會輔助之，三者相聯，互爲溝通，其效始著。此三者之溝通，在訓育上之需要，較知識技能的教學爲尤巨，因爲知識技能的教學，縱使家庭中間一點基礎也沒有，或無父母及親近之人，家庭之溫情早失，然在學校方面尙可以補足這個缺陷，以養成他們的完全知識。至於訓育則不然，如一個人幼時家庭卽有陷缺，或骨肉之溫情涼薄，或一般的遭際不良，其影響於品性者實至爲深刻，要想從學校中間去陶冶出一個圓滿的品性來，眞是難而且難的一件事。如彼不良少年及犯罪者，多半卽爲家庭缺陷所生之結果，家庭健全的人，在品性陶融上，一時固也看不出它有什麽多大的價值，但一到家庭發生得有缺陷，在學校的訓練方面，就可以覺到有許多棘手的地方了。這也恰如我們在健康之時覺不到腸胃的效用，一遇疾病，就可以痛切的感知了。學校教育對於知識技能方面的訓練，家庭就是連一點助力也不給，其效果尚不致於減殺，也不因爲家庭發生缺陷而知識技能上就馬上會受到損失。育訓則否，學校訓育如無家庭做基礎，決不能收圓滿的效果，蓋無家庭的助力不獨事倍功半，或且至於全無效果。又學校卒業後，社會還設得有智育上的種種機關，感覺不足之時，尚可以再去補習，反之，社會的風紀輿論如果是不良的話，其惡影響直接就可以左右學校訓育，且無從挽救。加之，社會所給與個人品德上的影響，不僅在學校畢業之後，即在學校之中也是同一個樣子。以時期論，學校的訓育，祇不過是一時，父母的薰陶，則可及於終身，社會的影響，則死後還可害及子孫。在以前沒有學校教育的時代，這品德陶冶的責任，完全是由社會和家庭負的。後來有了學校，就把這個責任擔負過去了，然而如果不得到社會家庭的助力，仍舊是不能完成他的任務。

學校教育本來是社會共同生活的一種準備，而家庭則爲社會共同生活的單位。道德爲社會共同生活的要件，不論其爲學校爲社會爲家庭，具應有此道德以爲共同之目的。目的既相共同，那末訓育的目的亦自不可不採與社會家庭同一的方針，以作爲品格訓練的標準。如此三者不能統一調和，其效果上必致相殺。

(二)家庭的道德訓練　兒童的嬰兒期幼兒期，完全是在家庭中間過的。在幼兒期中雖有幼稚園一類的學校，然而進去的還是少數。多數的兒童在未入小學校之前，往往在家庭中間受訓練。此時期的訓練，完全是他律的，一方由於兒童自己的適應本能作用，一方由於父母的模範教育，以養成家庭的基本習慣。在此清淨無垢天眞爛漫的時期，最重要的便是要在這一家團圞之中，不識不知之間，以養成他的品性的基礎，人間本有的道德性，蓋於骨肉之間最爲自然，且天眞流露，毫無虛飾。尤其父母子女之間，其自然發生之至情，最足以爲品格之要素。如我們最重視的誠實，慈愛同情寬容犧牲等精神，殆爲父母子女間表裏無間之美德。我們期望一個人的良心有圓滿的發達，則全賴此家庭生活的時期。兼之在此時期中家庭所養成之他律的習慣，亦即爲他年自律的習慣之唯一的基礎。

一個人在學校教育的期間，其短長須視其家庭在社會的位置何如以爲斷，然無論如何，在訓育上則必須有家庭的財力，始能奏效，這是上邊已經屢次講過了的。小學校教育修了的和中等以上學校修了的人相較，對於中學以上的人，家庭中所負責任，更來得大。因爲小學校的訓練，對於品性的陶冶，還沒有到一半，家庭如果不負責，小學畢業者的品性的發達，祇至於小學校的程度而止，其後就不能再有什麼起色了。

至於家庭教育的長處，則有下列種種。即第一，居於教育者的地位的是父母，骨肉至情，自非他人所能比擬，且其熱誠與愛情均出於自然，至於教師，其學識及人格雖往往優於兒童之父母，但眞能盡心竭力爲學生作成最良之品格的亦不多覯，況其愛情與熱誠，遠不能如其父母之眞摯。第二，學校是人爲的社會，而家庭則爲自然的團結，且爲現實社會的單位，和社會共同生活的各方面都有關係，故兒童在學校中所學的道德，一到家庭實行的機會就多了。家庭又可以說是社會的一個縮圖，而同時又是社會的一部，所以我們逕稱它是一個道德的實行場，亦無不可。學校雖也是現實生活的一部，固然也是一個道德的實行場，然其實行道德的機會，總不如家庭來得多。尤其是我國的倫理，自古以來，即以孝爲國民道德的大本，故我們也可以說家庭就是一切道德的策源地。加之學校生活中兒童所受的訓育雖多，但很少實行的機會，徒然學而不行，對於兒童實踐習慣的養成也頗不利。迥不如以實行爲主之家庭訓練，到還可以養成一種實踐的性格。第三，諺曰知子莫若父，可知熟悉兒童之個性者莫如家庭，倘更能對之加以適當的訓練方法，則其所得之效果，當爲學校所勿及。況學校一級最少亦有數十人，雖有精細之教師，又烏得一一察其個性而勿誤。故欲使個性得以充分發展，亦當認家庭訓練優於學校。

家庭對於兒童品性上之訓練，雖有上述種種優點，然做父母的或是不知此理，或是不盡其責，也當然不能有什麼效果。再則，爲父兄的切不要眩於近代學校教育的進步，而思卸去家庭教育上的責任。蓋上面已經講過，學校訓育在量的方面教訓雖多，實行的機會實在很少，所以家庭應該協助學校來補充這個缺陷。

家庭爲現實社會的一個單位，且具有社會各方面的特徵，所以一般國民生活的特色，俱可以從家庭生活中間反射出來。如一國國民所特有的思想，感情，風俗，習慣，道德，信仰等等，俱可以從家庭生活中間去看得出來。故家庭生活又爲國民道德的根本，由是進而爲國民性的訓練，其機會亦甚便。且如我國祭祀祖先的精神，若不在家庭訓練中間行之，則這種的精神也就無法可以維持。有愛國心的人，沒有對於己國故有的文化不尊重的，不然，文化既亡國民的特徵也就隨之而消失了。

欲謀人類一般的進步，必先努力於己國的發展，欲謀己國的發展，必先求一家的向上，而一家的向上，則須以自己發展爲其基礎，由此觀之，則一家向上也可說是由自己發展以至國家發展乃至人類進步的一個橋梁。我們如把這種愛家族的精神推而廣之，卽爲愛國心，亦卽爲國家的精神。這也就是由修身齊家以至治國平天下的大道理。

家族既是一個共同生活的團體，那末，爲維持其秩序增進其幸福起見，也自然不能不有一個管理者，此卽所謂家長是。然而家庭的管理方針，須要視家族各員心意程度的發達以爲衡，如於無思慮無自制力之兒童，則須要其絕對服從，比其心意漸次發達，而後加以自治的要素。這就好像是由專制主義以入於立憲主義一樣，設家庭毫無立憲的精神而純採專制的訓練，到後來他們參加公民生活，那就連一點自治訓練的基礎也沒有了。反之，對於子弟如果過於溺愛也是不好的，因溺愛最易養成惡習，後來就不易矯正了。

大部分的人，都是生於家庭，死於家庭，惟其如此，所以這種家庭的繼續的影響，對於一個人的品性陶冶上，關係至深且大。家庭教育如得其宜，學校則可以收事半功倍之效，否則，其毒害不獨及於一人或一家，且將爲害於社會。從這個上面看，所以家庭對於教育的責任，比任何方面都來得大。

（三）學校的道德訓練　學校訓育往往偏於品性的間接訓練，即偏於道德知識方面的訓練，而於直接訓練，即實行方面，頗多不充分之處。關於此點，上面也略略提起過了。然而我們對於學校生活，如果有一個相當的組織，并能利用適宜的話，那末也有家庭訓育上所不能及一種長處。這長處是什麼呢？就是公生活的訓練。學校位於家庭社會之間，爲將來社會生活的準備之橋梁，所以學校組織當然比家庭的組織還要來得接近社會一些，但在學校的兒童同時亦即爲家庭的一份子，而家庭又是現實社會的一部分，那末學校除爲社會生活的準備之外，同時又可爲家庭生活的準備，自毋待言。不過從來一般教育家往往過於重視社會的訓練，致忘學校生活必須與家庭生活相提攜而後再能收效之點，從而學校遂失去一方面的連繫，直接訓練即實行方面不能充分表現的弊病也就發生出來了。

學校不僅是一個教學的場所，同時也是一個品性陶冶的場所，所以學校爲欲充分擔當這種責任起見，自應除精神的訓育之外，再多造一點道德實行的機會，然而道德實行的機會，必須是和現實生活相接近的，并且還要是常常能够遭遇的事情纔好。譬如家庭的訓練，在實行上最能收切實的效果，那末學校也應倣效家庭，採用實行的主義才好。至於學校教育的方法，究應如何之處，請俟後章再行說明。

凡進步也是徐徐向前的，且其中途含有必經的各種階段，互爲聯絡，決不能讓它中間存有何等的空虛的間隙，一跳就過去了。今如我們把學校教育當作一種教育的進步看也好，當作社會生活的準備着也好，決不是突然之間生出來的一種新事業，而是過去家庭教育的繼續事業，這是可斷定的。若是如此的話，那末兒童由家庭以入學校，復由學校以入社會，他這種變化，當然是一個個人發達的自然階段，其間一定有徐徐進展的痕跡可尋，決非一躍而過者可比。故就教學上而論，我們對於兒童也應該循着他的心意的發達程度授以知識，不能拘泥學術上理論的順序，須顧及兒童現實的生活及日常的經驗，以喚起他的自然的興味，以助長其自然的心的活動。教學上如此，訓育上也應如此。因爲兒童在家庭生活中是一種極自然的狀態，如果在學校中教師也能像父母一樣愛之護之，他們心裏也覺到學校生活和家庭是差不多，等到他們生活漸次的慣了，而後徐徐使之變化，那就容易受訓練了。反之，倘若我們固執學校是兒童社會生活的準備的意見，對於兒童過去的生活毫不顧及，且以大人的行爲標準來規律兒童，那末兒童一旦進了一個完全和家庭兩樣的地方，變化又那樣的急劇，他們從來也沒見慣，驚詫之念自然而然要起來了。他們心中一有了驚詫之念，便會發生不安之感的，等到因不安而生厭倦，對於他們品性上的訓練就不易得到圓滿的效果了。所以我們對於兒童使他在學校裏總要像在家裏一樣，視學校之利害如一己之利害，視學校之名譽如一己之名譽，倘兒童愛好學校如同愛好他的家庭一樣，對於功課的興趣如同在家庭時的嬉戲活動一樣，則將來他們在學校畢業之後，從事於社會生活之時，對於他的業務上也定能很樂意的去負責任。更推而廣之，則愛校心又可以說是愛國心的基礎了。兒童的愛好學校與否，和訓育效果上有莫大的關係，若不幸因厭惡而生反抗之心，則不獨訓育無效，甚且要把既得的訓練效果也破壞了。是以我們要想使兒童愛好學校，則必須使學校能和他們從來所愛好的家庭生活相接近，并訴之以家庭生活中的活動和經驗，使學校家庭之間，不發生鴻溝，那就可以達到這個目的了。

學校教育，固亦有其特有之任務，其訓練方面，當亦不能和家庭教育一一強同，然學校教育本係繼家庭教育而起，是則學校教師亦不可不具有家庭教育中間的自然教師的父母一種精神。切言之，即我們理想中的教師，必要具有父母對於子女的熱誠和同情的纔算合格。父母的熱誠和同情，原出於骨肉的至情，而教師於學生間，既無此種自然的關係，因之往往失於冷淡，其甚者且至相互隔閡。是以學校訓育上最理想的希望，是要師弟和父子一樣，同學和兄妹一樣，此即係從學校中加入家庭要素的一種方法。設或不然，如教師的執行規律過酷，惟汲汲以舉發兒童之非行爲能事，則兒童之於教師，未有不惴惴焉如有偵探窺伺在側者，因恐生惡，師弟間致成仇讐，此當非教育的良法，固不待言。

學校的一切環境的設備，也須和兒童的發達程度相應，并須顧慮到兒童的要求和興趣，以加入家庭的要素。對於兒童自然之所好，如橫加禁止，在他們是一件最感苦痛的事情。學校環境上的設備，如和家庭完全兩樣，這也是可以引起他們的不快的一種。故學校設備的最低標準，最好是要和尋常的家庭一樣，俾他們不致把學校認爲一個特別的場所。晚近各國學校內的裝飾，也漸多採用家庭的格式了，例如家庭有庭園，學校也設有校園等等，或寄宿舍採用家庭的組織，或將家庭中間的作業移入學校，凡此種種，都是要想使學校家庭化而起的。

兒童離家人骨肉之親以就學校生活，并且和多數向不認識的朋友在一塊，同受教師或校長的管理，這就是使他們覺到和家庭生活不同的一個顯著點。在家庭則有父母同胞之愛，可恣其所慾無不如意，而在學校則爲多數人之一，自己的存在，先就不如在家庭時爲人所注意了，愛情既不如家庭，又不能恣一己之所欲，不寧唯是，且勢不能不和自己利害相異的他人相交際，故在這個時候，實可謂個人在社會生活上交際發端的一個時候。又兒童一向在家庭自由嬉戲的時候，一點什麼業務都沒有的，一入學校，便得受嚴肅的束縛，且必須與受功課。有了功課，便不得不用功，如一怠惰，不獨成績不良，要受學校的指摘，而且名譽上也要受社會的批評。故在這個時候，即是開始在學習業務的時候，自己奮勉和努力，均須接受社會標準的限制和批評。學校的規律，比家庭來得更嚴，教師的管理，比父兄來得更緊，故在這個時候服從校紀的訓練，即爲他日服從國家法令，遵守社會秩序的一種準備。又學校是一個公共團體，爲公益而犧牲一己利益的事情，當比家庭來得多，故此際訓練，也就是對於社會公衆的公共心的訓練。學校和家庭相較，確是一個規模較大的共同團體，其組織亦較完備，頗近於社會或國家的組織，這也是學校和家庭大爲兩樣的地方。訓育上若把此點過於看重了，即把家庭的要素忘却了，那末就有前述的弊病出來了。反之，訓育上若把這一點看得過輕，只知有家庭的要素，那末對於社會生活的準備上，也不免有不充分之虞。所以照我們看來，小學校的初年級應該把家庭的要素加多，更漸次而加入社會的要素，比入青年期，則更加入社交的要素。學校生活至此，就可以和社會的生活更相接近了。若是一出學校生活就必須從事於社會生活的人，則學校生活愈切於實際生活，則其效果亦愈爲適切，反之若一隔絕，則其相去就愈遠了。所以我們不能不從學校生活的各方面以訓練社會的生活。

現代社會生存競爭至爲劇烈，個人莫不盡其全力奮鬬以開拓自己之生命，此蓋事勢之所使然，已無所用其諱言者。然一般抱劃一主義或爲偏狹的道義心所囿的教育家，往往對於兒童唯義務之精神是訓，而不許其爲利益或名譽而競爭，似以兒童之競爭爲罪惡者。殊不知競爭心爲兒童自然之本能，且在現實的社會中，堂堂正正之實力的競爭，亦爲生活上所必要之手段。如僅知一味壓迫兒童的競爭心理，他方又不顧社會競爭的事實，這也可以算得是一種現實生活的適切訓練嗎？我們如果對於兒童的競爭心爲過度的刺戟，或爲私利忘本務而作卑劣的競爭，這固然是不對的。但人決不能全然超出名譽利益之外，而況堂堂正正的競爭，對於人間的義務也並沒有什麽矛盾之處。所以我們對於兒童爲自己的本務而盡力，爲自己的發展而奮鬬，爲實力的獲得而競爭，則其由此所得的利益和名譽，也是當然的權利。我們不獨不能予以抑制，而且還要相當的獎勵纔是。

拘拘於劃一主義的教育家，還有二種的主張，即一對於兒童的待遇一律平等，二對於兒童的競爭心絕對不與以刺戟的機會。然而這種主張果然是對的嗎？果能適合於我們實際生活的要求嗎？學校中間對於各人的待遇，都一律平等，毫無差別，則有時或者還可以辦得到，但是實際社會上，各人自己的地位，都是全靠各人自己的實力去獲得的，要社會對於各個人的待遇都無差別，這是辦不到的。照這樣看來，那末，我們對於學校生活中的兒童，視其能力何如以爲不同的待遇，如團體行動之時，選用適當的人材充任，使他們對於自己的能力，也可借此試驗以促進他們的自信力，這種方法於訓育上也未始不可謂爲正當。且揆諸實際，各學校對於上級生或優等生，大都是與以特殊待遇的，此外，就是對於有能力的學生代表，以及各種自治團體的職員等，也每每另眼相看。所以從事實上言，劃一主義決計是行不通的。

（四）社會的道德訓練　社會及於品性陶冶的影響，以社會全體集合意志的作用爲最大。所謂社會的意志，如風俗習慣以及道德的標準輿論的制裁等均是。一個人從幼小以至老死，無時不要受這社會意志即團體意志的影響。家庭和學校的品格訓練，祇是個人的意志影響到個人的意志，至於社會的訓練，則爲團體意志影響到個人的意志。家庭和學校雖也有團體的意志，但無論如何，總不及社會來得顯著。社會的意志至爲强大，有左右家庭學校訓育之力。如社會風紀廢頽之時，一家一校對於訓育，無論是如何的努力，也無法可以抵抗這滔滔濁流的侵入。反之，如社會風紀良，道德標準高，輿論制裁嚴，則也可以補救家庭教育和社會教育的缺陷。

風俗乃至道德，也是一種團體意志的活動，因爲是一般社會所通行的，所以生息在這個中間的個人，每於無意識之間，由羣衆心理的法則，而成爲暗示與模倣。國民道德的一致及國民性的一致，即係由此社會的共通點而形成。團體意志的感化力至强，可以造成時代的特色和國民的特色。如彼古代希臘人的特色，即係其時希臘的社會之所造成，羅馬人的特色，亦係其時羅馬的社會之所造成，此種時代既無學校，其性格的養成，當係完全由於家庭和社會之二方。蓋我們生活於社會之中，不識不知之間常受團體意志的支配，對於同一事件，反覆行之，於是不知不覺也就成爲一種的習慣了。所以多年在外國生活的人，不免要於無意識之中，受到那個國民性或國民道德的影響，所以社會之於品格的陶冶，實在是一種不可侮的勢力。

如國民的一般品格都很高尚，社會的道德也很健全，學校的學生，則以時時出與社會各方面的人相接觸，於訓育上爲有利，反之，社會如不健全，道德的標準又低，則接觸愈多，所受的惡影響也愈深。如歐洲中世紀的教堂，常選深山窮谷之地，愛斯泰派的學校寄宿舍，常與社會不相交通，和採用愛斯泰制度的法國舊教的寄宿舍，和英國的寄宿舍，宅們所以如此，無非都是要想避去社會的惡影響。然而到了現代的社會，辦學的目的本來就是作爲實際生活的準備，所以訓育上要想採用上述的方法，全然不和社會交通，這當然是一件不可能的事情。所以我們祇有對於社會的光明方面，則多謀接觸，對於社會的黑暗方面，則設法避免。如我國年來主張學校社會化的人也有主張社會學校化的人也有，這都不是完全好的方法，還應該更進一步向雙方顧全纔是。

兒童在很小的時期，就可以受到社會的影響，其佳者固可以助長兒童德性的萌芽，然而壞的也可發生訓育的惡果。其中尤以少年少女時期，社會的情操爲最發達，故對於社會的毀譽褒貶，和社會的輿論制裁，也最易同化，一個人的習慣好壞，以此際所受社會的影響爲多。

在青年期，朋友的切磋琢磨，於訓育上頗有重大的價值，這也可以認爲它是社會及於個人品德的影響之一。惟朋友有良莠之分，這也是我們所不可不注意的。

英雄的豐功偉業和仁人志士的高潔壯烈的行爲，可以感動人心而造成一時的潮流或風氣，這就是個人意志可以影響社會意志的地方。又如社會的大事件發生，往往有關世道人心乃至於一般國民的性格，也同此理。反之，個人的不良，則可以影響到一般社會。

因爲社會影響到個人品格的陶冶有如此之大，所以近來有不少人都覺到有提倡社會改良事業之必要，如對於社會風紀的刷新，和積極的提倡社會德育等等，這種事業就是社會教育的事業。其中尤屬重要且爲現代各國認爲當務之急的，就是下層階級兒童的境遇改良問題。有很多的社會教育家和社會政策家，都爲着這個問題在那兒棠心。此外有關社會德育的重大問題，便是小學卒業後就到社會上來的這般大多數國民的訓育。僅僅在小學畢業的人，他們還沒有出少年少女的時期，他們的品性還沒有成爲定型，他們的行爲還不能夠由自己獨立的思慮決定而行之無誤。換言之，即道德意識尚未充分發達，自律的意志習慣尚未充分養成。加之他們都還是在這人生一大危機的青年期中，精神界上將發如何的大變動，和性格上將發生如何的大變化，尚不能預測。對於此種時期中的青年，國家社會如不講求何等的方法，一任其自然的經過，則這一般國民的性格，必陷於極不安的狀態。這實在是國家社會的一個重大問題。因之各國的當局者和先覺者，對於小學卒業後以至成熟期的青年，須如何的訓練，始能養成健全有用的國民，一層頗費研究。美國的童子軍訓練，就是爲着這個問題而起的自創設至現在不過二十餘年全國已經有數十萬的會員了。其他歐美諸國，倣效這種辦法的很多，皆能收有相當的成效。此外，也有用補習教育和夜校等方法來達這個目的的。又如基督教青年會，也可以說是此種事業中間的一種。近世關於社會德育最顯著的一種運動，便是倫理運動，後編實際問題中當更有詳細的介紹，茲不多贅。

青年訓練一事，如果單靠教育家的努力，到底還不能收十分的效果，所以我們應該再行設法，以喚起社會一般的輿論，使社會一般人對於未成熟者的態度，和從前要兩樣一點，更由這種社會的制裁，以幫助教育家訓練這一批青年的品格。果能如此，則社會，學校，家庭三者，自可溝通，對於青年訓練也就要容易得多了。

從一方看來，社會是一個道德實行的場所，而道德實行又為品性訓練上的一種最有效的方法，那末，回過來說，社會又是品格訓練上最有效的一個場所了，學校畢業後參加現實生活的人們，對於社會上經驗和磨鍊，無一不可為彼等之反省修養以為品格的訓練。故自家庭學校而外，社會的德育，對於一個人的品格訓練，實占有重要的位置。

## 三　年齡與道德意識的發達程序

(一)道德意識的自然發達和訓育　道德意識的發達，一方由於個人間天賦的素質不同，他方又可由於外界刺戟的關係而異，然年齡一層，則爲其一般發達的自然順序，倘不加顧慮，遽以成人之標準規律兒童，則不獨徒勞無功，抑將十九失敗。古來訓育上的缺點，其原因多半由於沒有顧到被教育者的年齡和其道德意識發達的程序。蓋兒童在品性陶冶的中途，道德意識尙未十分發達，性格亦未十分固定，故從嚴格的意味言，他們在此時尙說不上做一個道德行爲的主體，申言之，即其行爲尙未充分具有善惡評價的價値。我們如果強以成人的道德標準來衡量不能獨立思慮獨立判斷的兒童的行爲，那就未免不思之甚了。一個沒有訓練的兒童，他的憤怒，嫉妬，或其他殘忍的行爲，未必是出於害人的惡意，也未必是經過了思慮選擇決意的過程。他們這種的行爲多半是出於一時的本能的衝動，尙未具有道德行爲的主體的資格。故對於此種行爲，我們尙不能說它是不道德，祇好說它是非道德，所謂非道德，還是一種道德判斷範圍以外的東西。我們對於兒童，須從他這種非道德的位置出發，以助長其道德意識的自然發達，俾其漸次得由良心的命令，以統御其一切的行爲。茲請將道德意識的自然發達的順序，略述如次。

（一）嬰兒期（生後三年）　此期中的嬰兒，其心意發達極爲幼稚，所有的行動，一以本能的衝動爲主。換言之，即其動作毫無思慮決擇，純爲自然的活動，故亦無何等道德上的價値。不過養育者也得時刻留心，使他的日常生活也要有點規律，如保持健康所必要的飲食起居睡眠等基本習慣，必不可使之毫無條理。蓋嬰兒雖不能理會怎樣纔是規則，但是大人如果能使他日常隨一定的規則而行動，則可以開將來習慣的端緒。從廣義上講，說這是訓育的初步也無不可。而任此教養之職的父母，則不可不顧到此種規則。且我國古來有胎教之訓，那在嬰兒未出世前就開始作訓育的工夫了，這可以說是一種最廣義的訓練。

（三）幼兒期　（自三歲至六歲）　生後約三歲左右，記憶力始發生，自此以後，道德意識曙光也漸漸起來了，對於自我和他人的區別也漸漸知道了。然其行爲尙完全受本能衝動的支配，未能駕御自己的意志。

此期和前期較，已稍有規律，而可由日常起居動作，衣服飲食等以訓練其清潔，節制等習慣及服從長上的命令。但幼兒期還完全是屬於遊戲時期，以自由活動爲主，故尙不宜加以過度的束縛。

（四）兒童期　（六歲至十二歲）　此期的兒童，已經快到義務教育的年齡了，由他律的訓練以養成其種種善良的習慣，即在此期開始。學齡兒童，他的判斷和意志方在萌芽，尙未能規律自己的行爲，一切事情，都要依賴父母師長以爲指導。此期應注意的初步習慣，如清潔，整飭，秩序，規律，節制，儀式，禮貌，誠實，服從，勤勞等，都是重要的項目。

兒童的模倣心甚強，倘其父母師長能示以具體的模範，則效力必很大。兒童理想中的人物，必是他常常接近的人物，於無意識之間便模倣起來了，他們對於父母教師，祇有尊敬聽信而無批評，所以此時爲長上者，必須以身作則，示以模範，俾其倣效。

年齡漸長，也懂得嘉言善行是什麼了，其道德觀念及道德情操，亦遂由此而發達，教育者於此時，宜設法助長，俾養成其善良的動機。然而他們對於道德判斷要件的思慮辨別乃至意志決擇，尙未十分完固，其本能衝動仍強，故往往不能一一受善惡觀念的束縛，以至任性而行。

兒童的興味多以目前的東西爲限，任性而行，天眞爛漫，一無虛飾。故其日常生活，祇知目前的享樂，決不顧將來之憂，縱有喜憂，也不過是一時的。

小學時代的兒童雖已由自由活動的遊戲以進於嚴肅的課業，然而他們還是不能將遊戲完全放棄，所以在此時期要他們純粹受業務的束縛，仍是一件不可能的事情。又兒童尙未完全成爲道德行爲的主體，倘嚴肅過度，不獨有礙兒童之自然發達，且將有害其自然的美性，

兒童之模倣心強，遊戲本能強，好奇心亦強，倘能與以適當的誘導，即可由此以養成其良善的習慣。如同情，友誼，名譽心，競爭心等社會的本能以及道德的情操，俱宜於此時施以適當的訓練。

（五）青年前期（男十二至十六歲，女十一至十四歲）　此時期的男女身體敎育急劇亢進，達最盛之時，精神界亦發生一大變化，即性慾發現，他們也自覺其和兒童的時代有異，對於異性，羞恥的感情也起來了。然這些少年少女們對於性慾的作用，尙未充分了解，雖也知道和異性相愛，但多秘密而不敢公開，故還不能說是戀愛。

社會性亦在這個期中發現，對於求伴侶，擇交友，以及共同遊戲，以及競爭等事，都感覺到有特殊的興趣了。

而於獨立思辨的行動，也有相當的能力了。是即由他律的行爲以入自律的行爲一個時期，道德價值的要件和道德責任的基礎，均次第具備，又他們對於父母及教師的社會地位也認識了，決不能仍如舊時的一味尊信了，師長父母的裁制力雖減，然他方良心的制裁力則漸次增加。

這時期的少年少女，已不以自己的父母師長爲其理想中的人物，也不願唯唯諾諾，有如傀儡，或奉命唯謹了。其時之理想，多爲對於英雄偉人的崇拜，且知自進以求關於道德之一切的理法。

少年少女的時代，爲他律和自律的過渡時代，故尚不能完全由自律以制御其一切行爲。但於良心的制裁和社會的制裁，已有相當的理會，殊不喜人家仍把他們當作小兒看待，所以父母師長此際應承認他們的良心自由，切不要橫加干涉，以免傷害他們自重自尊的心理。尤其是他們的身體，此際發育最爲旺盛，大可以受意志的鍛鍊，即其課業，也不比兒童時期，可加以更嚴肅的訓練。

在這個時間中的少年少女，最要保持他們天真爛漫的精神，於實施訓育之際，決不要刺戟他們，使他們有異性間的自覺。惟性慾係起於此時期，倘遇惡友的誘惑，他們未免要用不正當的方法來圖滿足，那就爲害匪淺了。因不知性的衛生而致疾病的，其例甚多，在今日文明社會，關於性的知識，不與以正當的指導，而一任其自然的經過，自非性慾的上策。近時性教育問題所以甚囂塵上者，即以此故。然對於少年少女，究應授以若何程度，並應採用若何方法以授知關於生殖機能的知識，現尚沒有一定的議論。或主張母教，或主張委諸醫生，或主張在生理學中間接教授，或主張由同性的男女教師分別說明，意見很多，我們也很難馬上就下斷語（參照後編第四章。）要之少年少女發生性慾上的問題時，應有適當的方法爲之解決，并應授以性慾上之正當知識，和養成其對於性慾上的嚴肅的態度，使他們能夠謹守品行，保持節操，這在訓育上都是很重要的。

結局一句話，性慾教育的問題歸根還是到品性陶冶的問題上來了。單單授以性慾方面的知識，或告訴他們性慾濫用所發生的惡害，這都是不中用的。品性的純潔與否，全看意志訓練有沒有徹底，至由於無知所生的弊害，這固可以從知識方面來予以補救，然亦不過是性慾教育的一面罷了。

少年少女期性慾刺戟，由於同輩的誘惑，社會的淫風，以及猥褻的文學繪畫而來者爲多。這種東西，不獨可以使他們早熟，而且可以破壞他們對於品行節操所持之嚴肅態度。教育者於此諸點，特宜注意，切不要使他們多有不純潔的接觸的機會。

（六）青年後期（成熟期止） 道德意識至此時期愈益發達，其行爲已可完全成爲自律的良心威權的發達，亦以此際爲最高。往往對於社會上傳統的善惡標準生有疑問，因之外部的權力形式習慣等，也不足以束縛他們了。他們能以自己的推理和判斷以推翻社會一切的制裁，而貫徹其所信了，所以一個人的革命性，亦以此時期爲最豐富，而不喜干涉，崇拜自由，也是這個時期的特徵之一。我國年來作社會運動最烈的，多半屬於此期中人。惟意氣雖甚，尚缺深思熟慮之工，血氣雖旺，尚乏耐久堅持之力，故仍不免受外界的誘惑而常有越軌的行動，甚或因此而斷送其一生之運命者。加之在此期中的少年少女，往往抱有誇大的妄想，無謀的野心，架空的理想，強烈的熱情，名譽權力的狂崇等等，倘一旦受了打擊，或偶經挫折，甚至懷疑厭世，或且自殺。所以青年期實在是人生中間的一個最危險的時期。然青年訓練之良否，殊有關國家之命脈，關於此點，我國教育界，尤應特別注意。

青年後期的男女，各各發揮其異性的特色，其相互的吸引力亦特強，如男子則喜女子的優美柔和，而女子則慕男子的剛健壯勇。性的自覺既經明瞭，對於性慾的要求也特別來得猛烈，男女的幾多美德固在這個時期中間發揮，而不少的惡德也在這個時期中間出現，所以訓育的方法，最好是能把青年的性慾，移到別一個方面的行動上去，使它無暇顧及，最稱得策。蓋青年閑居，也是爲不善的一個顯著原因。是以男子宜以運動競技作業，學問等奪其心，女子應以學問，文學，慈善事業等移其志，使他們沒有工夫去熱中於戀愛。

青年期一方固仍不能不有適切的指導，然他方亦宜極端尊重其自由，使養成其自治的精神，換言之，此時期最重要的，使青年自身的自己修養。

（七）道德教育與自己修養　自己修養就是由自己的知見判斷以爲反省，并由自己的力量以爲品性的陶冶，故又可稱之曰自己訓練，或曰自己訓育。這也和知識技能的學習一樣，由適應本能的自己學習始，中經有意的教授，復至自己學習止。而以自己學習，貫通一生。今品性陶冶亦然，即由適應本能以學得社會的道德習慣，漸次養成道德觀念以爲自律的行動，更進而爲自己的修養。

我們學習知識技能固無止境，而個人道德的修養，亦無所謂止境。且可以說一生中間在在都是修養的機會。

我國向來對於自己修養的工夫，則有所謂自反，有所謂愼獨。此外，還有一般人主張一種所謂精神修養的方法，惟此方法，於直接品性陶冶上雖不無效果，但其道德實行力，則未見能夠十分堅確。何以呢？自己一人在自覺的中間似能確信其修養的效力，一到實行，恐怕就未必能夠如此。例如在精神修養之際，每以不受外界的任何誘惑自誓，幷自信能夠抵抗，倘一旦眞遇到了強大的誘惑力，馬上就抵抗不過了，這種事實，古往今來，都是屢見不鮮的。更進言之，關於防止誘惑的精神修養，固是一種自己修養，然而實際遭遇誘惑極力與之抵抗，這也是一種自己修養。在現實生活中實行所得的自己修養，和祇止於精神界的自己修養相較，自以實行所得者爲確實有效。準是以觀，則學校中的訓練，遠不及現實生活中的自己修養來得有效，亦當毋待言。

# 第六章　教育倫理學上的訓練問題（二）

## 一　本能與行爲品性

凡是一個可以受善惡評價的道德行爲，必須經過下列幾個步驟：即最初欲望發動之時，必須和道德的觀念相照應，而更加以理智的辨别然後再行决意以至於實行。因爲是經過自己的自由意志的選擇而後決定而後實行的，所以對於這個行爲自已便負有責任。又凡一道德行爲，皆可分作內外兩面來看：從內的方面看便是理智的判斷情操的鼓舞，意志的決定，凡此種種，都屬於道德意識的作用。從外的方面即實行的方面看來，即是一個人的品性的表現。品性這樣東西，不是一個人生出來就有的，乃是由於各方面的訓練所漸次陶冶成功的。然而在未經任何的訓練以前，我們又是怎樣的去行動呢？例如未開化的原人和小兒的行動，他們都是完全憑着天賦的本能而行動的，換言之，也就是憑着自然所賦與的能力，和隨着自然的要求而行動的。這種未經訓練的行動，我們也可以說是和其他高等動物的活動沒有什麼大差别。

人類在生物中實在是一種最高等的有機體，身體上幷具有很複雜的各種器官，此種器官均各有其不同的作用，以接受外界各種不同的刺戟，而與自然相適應。各器官的活動卽所以爲維持生命之用。凡未經上述道德行爲過程所發之行動，則爲本能的活動或曰自然的行動。

本能的活動，乃是無意識的隨着內部的衝動而發的一種活動，並且是盲目的。此時的行動，旣無自覺的明瞭的目的，故亦無所謂道德觀念的存在。舉凡本能的行動，如以文明社會的道德標準律之，未必皆能一一合於道德。然因其尚未受道德的評價，故一般常不把它當作道德的對象看待，而特别給他一個名稱曰非道德的行動。

我們如一任本能之自然發動，不加遏抑，則憤怒貪慾，妬嫉殘忍等等的不德行爲，很容易發生。然我們今日所稱爲道德行爲的一切根源，又都是從這種天賦的本能起的。因爲人類既是一種的生物，爲保全他的生存起見，自不能不適應內外的刺戟而爲必要的反應。這本能的行動，就是爲着生存上所必要的內部要求而發的。然而人決不能永久隨着盲目的本能而行動，於是有所謂理性的作用起來了，既有理性，於是乃有所謂思慮和辨別等等了。復從社會生活中間積蓄了許多的經驗，更由經驗以改善其生活，於是文化和道德等等也由此發生了。

從社會的事實看來，道德這樣東西，要不過是由於風俗習慣的發達而形成的，至於道德的理想，則係以此種之風俗習慣爲出發，復經理性的思索所得之一種行爲標準。換言之，道德之爲物，要不外人類本性向上發展的一種結果而已。所謂品性，最初也不過是一種本能的盲目的衝動的表現，後經理智的辨別及反復的實行，遂呈稍稍固定之形，而成爲一個人的品性。故品性之爲物，雖爲意志決行時的一個重要元素，而其源則仍係出於本能的衝動。

本能的活動是盲目的，品性的活動是理性的，此即二者相異之點。然二者均足以支配一個人的行動，如果是未曾經過充分修養的人，品性之力尙微，意志之力亦弱，所有的行動，還是本能支配的時候來得多。不寧唯是，就是稍有訓練而修養未深品性未定的人，在平時固還可以受理性的支配，若一遇事變，本能的力量便抬頭了；

我們如於火災地震等劇變之時以觀察一個人的行動，就可以看得到這種的表現。

由上述觀之可知不論是道德也好，不論是品性也好，無一不是出於人類之天賦的本能。所以我們對於一切的道德的訓練和教育的陶冶，也必須要以本能爲出發點，而後加以理性的指導，逐次使之與道德的標準接近，等到有了深切的修養，一切行動或意志活動，也自然不會越出道德法則的軌範了。

詳言之，凡一般社會所稱爲道德的，其來源莫不出於人類自然的本能，如勤勞，勇敢，忍耐等，則係出於自己保存的本能。慈愛，同情，寬恕，犧牲等，則係出於親子的本能，亦卽種族保存的本能。更由社會的本能演出許多其他的德目。本能之與品性，是生一個基礎上面發生的，其相差，不過是理性發達的程度不同能了，並不是根本上有什麽兩樣之處。人心不是像白紙一樣，可以自由自在去陶冶成一個任意的品格的，還是要以本能爲根據而後加以指導加以訓練的。沒有指導和訓練，固然也可以由於經驗的漸次積蓄和理性的漸次醒覺而得自然的發達，但此種自然的發達，進步既慢，時日也多，乃是很不經濟的一件事情。所以在今日的道德進步的社會，對於這種自然發展辦法已經是不適行了，大部都是用種種人爲的方法，於較短的時期中來訓練一個人的行動了。這種訓練的一般方法，最要的便是教育。

將本能當作一種善的根源看，固然可以，當作一種惡的根源看，也未始不可。因爲如此，所以有性善說，性惡說，以及性善惡混淆說等等不同的議論。然而縱施之以訓育，也不能說完全可以把惡的部分都除去，縱不施之以訓育，也不能說一點善性也不會發達。不過在比較上，則常因訓育的有無而可以發生很大的差別罷了。

## 二　習慣與行爲品性

兒童因爲具有模倣、言語、遊戲、好奇心等等適應的本能，所以他們在很早的時候就可以無意識的衝動的以習得其所生息之社會之他人的行爲。在野蠻時代大部分的人也都是如此的，但到了現代的文明社會，則以教育的力量來促進他們的行動了。此種適應的本能，蓋所以使一個兒童完成其生活的過程，習得社會上所積集的經驗，而與之同化，以適應於文明的生活。雖其習得，亦必自社會生活直接所必要的事情始，如日常生活中之起居動作，身體的清潔，風俗習慣，禮貌儀式等等，皆是。此種事情，即是社會上所通行的行爲標準，經過多年的社會生活的淘汰之結果所積集成功的一種經驗。本能是可以遺傳的，經驗是不可以遺傳的，適應的本能即所以爲承襲此種社會經驗之用而發生者。

對於同一行爲，由於反覆模倣或遊戲的結果，抵抗漸漸減少，於是便容易行了，行之既久，一點抵抗也沒有了，於是便成爲一種自動的狀態了。不獨模倣和遊戲如此，所有的經驗都可由反覆練習的結果而成爲自動的狀態。這種狀態的行爲，就叫做習慣。

僅由機械的盲目的反覆練習所成的習慣，尚不得有何等道德上的價值。必定要到心意發達了，對於行爲能加以理智反省了，并有一定的觀念爲之標準，在這個時候的行爲，才有道德上的價値。無何等的知見，無何等的理性考慮，也無何等的意志決擇，這種的習慣行爲，都是受外部的標準即自然的力量所支配的，故曰他律的習慣。至由自己的觀念自己的意志所統御的習慣，乃是自律的習慣。如品性，則爲自律的習慣。在品性陶冶的方法講來，當以由他律的習慣而漸進於自律的習慣爲最便，何以呢？因爲善良的他律的習慣如果一成爲品性，便可由品性以生出自律的習慣來了。

他律的習慣，在兒童固可由其適應的本能於無意識之中以習得社會的道德行動，然兒童對於理智的判斷和意志的決擇，其力尚甚薄弱，故此時其父母或師保，必須敎導他照着社會的道德標準反覆實行，以養成其行爲的習慣。是以他律的習慣亦有二，即自己模倣他人所得的，和受外部的強制所習得的二者是。

由父母或敎師令兒童反覆實行之他律的習慣，遠不如兒童自己本着他的適應的本能去學習來得容易。因爲本能的活動，祇是循着他的自然的衝動而行，對於兒童無何等的拘束。至於由父敎師保特意所養成的他律的習慣，則須經過下述種種手段，如對於兒童那種無自制力的本能活動，有時且須加以束縛，加以制御，而後再可以和道德的標準相適合，此種加以束縛的他律的訓練，一方以道德的行爲爲標準，他方復同時作意志活動的訓練，和感情的陶冶，由於這樣的訓練兒童的心意也漸次發達了，於是盲目的本能的衝動，始能變爲意識的自覺的有目的的欲望，而觀念，感情，意志也必須在這個時候始能養成。故兒童於道德觀念尚未充分理會之時，對於善的實行，其目的祇不過是養成其一種他律的習慣，以作爲他日自律的行爲的基礎而已。

自律習慣爲他律習慣的最後歸宿，也是一般訓育的極則。然而要完全達到自律的習慣，實是一件很不容易的事情，像孔子這樣的人，也還要到七十然後才能從心所欲不踰矩呢。

要養成自律的習慣，首先要對於道德的觀念有充分的理解，對於善惡的判斷要確切無誤，次之要對於過度的感情能够抑制，再次更要對於意志的實行能够篤踐。由此觀之，可知在意志陶冶之時，對於知的陶冶和情的陶冶，應該同時並重。

善良的習慣一經養成，其勢力之偉大，直可影響於畢生之行動。習慣雖是學得了的，但一成之後，便成爲第二天性。是以作成良習慣及避免惡習慣，在訓育上確是一樁重大的事情。習慣由於實行的反覆而生，使其易於實行，斯即爲品性陶冶之主要的目的。習慣如不實行，決計是養不成功的。我們在思慮，辨別，選擇，決定等力，尙未充分發達以前，先應將適合於道德標準的行爲反覆實行，以養成善良的習慣，而後再由這他律的習慣以進於自律的習慣，這固是品性陶冶的自然程序，同時也是進德修業的必循途徑。

## 三　道德意識與品性

道德意識不是一生出來就有的，必須生後心意漸次發展，而後才有這種意識的發生。心意須循自然的途徑而發達，道德意識也須循自然的途徑而發達。我們決不能從無中生有，所以不問是訓育也好教學也好，皆須從人間固有的自然稟性出發，加以指導矯正，以助其自然的生長。

人之行動，初本爲本能的無意識的反射的，比身心發達之後，漸由他律習慣的訓練，以至於變成自律的行動，至此時，自己對於自己的行爲，才是一個眞正的主權者。即可由自己的思慮以決定目的，可由自己制御以驅使本能及感情。這種對於自己能够統御且具有威權的道德意識，通常稱之曰良心。良心要不外爲一種比較發達的道德意識。良心的命令，常能與道德的法則相一致。良心決不如一般人所想，一生出來就具有的，而是從天賦的本能出發，道德意識發達後的一種結果。道德意識的發達到了這個程度，同時我們的品性也有了相當的陶冶了。故我們也可以說，品性的陶冶和道德意識的發達是平行的。

道德的意識有知情意三方，而品性的目的也在要求此三者的圓滿發展，二者的意義頗爲近似，因之有好些人把它們當作一律看待。從廣義上講，此兩者如屬於同一人格，固可合併爲一，然自狹義言，則道德意識或良心是指關於道德的知情意三方的表現，而品性則以關於實行的意志爲主，所以我們也可以稱品性爲意志方面的道德意識。要之，良心以理智和感情作用的發達爲主，而品性則以意志的訓練或陶冶爲主，良心不待實行即可喚起，品性則不由實行即無從陶冶，道德意識的發達有賴於知能的修養者爲多，品性的陶冶則以意志活動的習慣養成爲要。道德意識和品性二者，其大別固如上述，然亦必相因相須始能發達，惟多少有內外先後之差已耳，切言之，亦即道德意識之於品性，自某種之意味言，尚多少帶有預備之性質已耳。

## 四　品性之直接訓練與間接訓練

據上述，可知良心即道德意識的涵養和品性的訓練二者，皆爲訓育上不可缺之事。然學者中，亦有以爲對於古來道德的知見或理想，能一一理會，即已盡訓育之能事的。如罕爾巴爾脫即係抱此種之主張者。不過照我們看來，這種辦法不過僅是訴之以理智，至於意志實行的訓練，則尚闕缺如。如彼沈思瞑想而欲於思想界中求生命之人，以及僧侶之徒，固可專從精神修養一面來做工夫，若欲以之律一般人，則期期以爲不可。此種修養，於知見情操之外，固然也包含得有意志的訓練，但多止於精神之內部，而無關於外部之活動，故稱之爲道德意識的修養則可，稱之爲品性的訓練則不可。況如現在這種樣子的活動的社會，我們對於知見的修養和理想的向上，雖很重要，然不僅是這種的精神修養，還須更進一步而要跑到現實的社會上去求實行。教育上之所以有品性陶冶的必要，也就是顧慮到道德的實行在社會生活上是一件不可缺的事情。再更進一步說，道德的意識和品性，必須表之於實行，然後才有道德上的眞正價值。思想家固然也是不可少的，但大多數的人，都是要在社會上求得一個職業基礎之後，以作爲他們的社會活動之發軔的，所以意志活動的訓練，自現實社會生活之點言，實在是一件很重要的事情。

又我們如果沒有以直接意志活動訓練爲目的的品性陶冶，恐怕精神修養也要發生困難而有功虧一簣之虞。此有關實行之品性陶冶，既是一種直接訓練，那末對於那種不見諸行爲的精神修養，當然可以稱之爲間接訓練了。準此以觀，則修身教授也自應歸諸間接訓練之例。至於品性的直接訓練，則不得不從活動的實行的方面來講求種種的方法了。例如教「勇氣」的時候，雖然在講堂上給了許多的教訓，必不能使兒童直接就會發生勇氣。勇氣祇好在實際行爲時鼓舞之，如勤勞的反覆實行，即可以把勇氣陶冶出來，即其一例。

## 五　氣質與品性

各個人因遺傳的關係，天稟的素質不同，遂成爲教育上的一種限界，前章已經講過了。此限界在訓育上講，當然也是一個大問題。

在品性的直接訓練上和遺傳性有重大關係的一個問題，便是氣質。氣質就是精神作用的個人的特徵，也就是廣義的個性。

品性的陶冶，要從天賦的本能出發，並循社會道德的標準，以養成意志活動的習慣，上面也已講過了。然而品性的基礎既是本能，如本能上的心意活動人各不同的話，那末訓練的方法也自然不能一樣了。若是採用同一的方法，其所得的效果，也必定兩樣。所以一個人的氣質和個性，在品性陶冶上有莫大的關係。氣質是指天賦的特性而言，品性是指訓練的結果而言，二者的區別極爲明瞭。如從二者中間來表示個人的特性，就有點混同，但毋寧說個性是一個人格的中心。

個人天賦的氣質，有長於知力的，有長於感情的，有長於意志的。其中尤以感情在各個人之間的區別爲最大。從品性陶冶上看來，氣質這樣東西，有極利於陶冶的，有極不利於陶冶的。性癖的矯正，在訓育上實在是一件最困難的事情。情意的陶冶比知的陶冶難，其中尤以情的陶冶爲最難。叔本華之所以主張德育的不可能，即係鑑於心情的難於矯正。要之，變化氣質，的確是一件困難的事情。

在今日，因訓育方法的進步，其效果顯爲人所共見，所以對於訓育可能不可能的問題，已是不必討論了。但他方，對於氣質矯正的困難一層，也是人人所共認的。然如今日社會組織之複雜，分業之多端，我們若想沒却個人的特性，而要造出一個劃一的平等的性格來，這種理想就未免有點太迂。至於矯正個人的心意而使之同趨於道德的軌途，從實際社會生活上講，這是誰也不能表示反對或者主張這件事情是不必要的。

在道德上是沒有個人的差別的，即人人均應爲善，此事決不容有例外。至各人怎樣去爲善，大家却可不必一樣，不獨不必一樣，毋寧還是不同的好。何以言之，因爲各人如果均能各用其所長，而向各種方面去做他的最善的活動，其對於社會的利益和貢獻，必較大家都去做同樣的事情來得大。所以訓練品性的時候，萬不能拘泥一個理想，而應當講求適應個性的方法，儘量使之發揮其所長以補其所短。故尊重個性不特教授知識技能時爲必要卽於品性之訓練亦屬必要者，卽屬此理。

所謂尊重個性，也決不是把個人的遺傳性癖，一任其自然，或放棄不顧的意思。應該矯正的還是要矯正。否則，稟性上既有了缺陷，其結果必影響於其人之道德行爲了。所以一個教師最應該注意的，就是對於兒童氣質上所有的短處，須予以同情，爲之矯正，決不可以尋常之標準相責。若偏僻過甚而至於與道德標準相反的，則不可不從速設法或與以抑制。

又所謂尊重個性，也決不是個人主義的教育，乃是要使個人在這有機組織的社會生活中，各各發揮其特徵，以盡其分業的任務。個性的自由發達，實爲社會進步的原動力，我們在訓練個人之時，一方固須重視其個性，同時他方也不要忘了他是社會公共團體中間的一個分子。

## 六　男女性別的道德訓練

男女之間因爲性別上的不同，心意作用上也自發生有自然的差異。性的基本上既有差異，在訓練的時候當然也應該採用不同的方法。蓋男女的性格，均各有其所長，而天職上亦各有其不同之任務，所以訓練時應就其所長者加以扶助指導，并補其所短，俾克各盡其天職。現今男女平權之說，雖極盛一時，但女子教育對於婦德涵養一層，竊以爲仍屬必要。此所謂婦德，當係指性別所限之天職方面而言，申言之，尊重男女之特性，亦卽所以尊重個人之個性必須從此種基礎上的性格以爲出發，然後可以收訓育上的效果。

# 第七章　教育倫理學上的訓練問題

## 一　品性的間接訓練

國民道德的基本訓練，在一般的國家大體均以學校訓育爲主，因爲國民教育稍稍普遍的國家，小學教育的訓練，是人人必須經過的，從這個方面來注意國民道德的訓練，自然是一件很方便的事情。至若我國，教育尚未普及，對於這一層自然還談不到。不過這種訓練，除學校外，還有社會教育的訓練，其關係於一般國民品德之提高者，較學校爲尤巨。而此種實際訓練的問題，又是很多，後篇當擇要略爲介紹。茲請僅就學校訓育方面的一般理論和手段，先加討論。

學校訓育須與家庭社會各方溝通，然後能收相當的效果，這個原則，已是一般人所承認的了。然而關於學校訓育的理論和手段又是怎樣呢？

品性陶冶的目的，一言以蔽之，就是養成道德的實行力。由實行來養成實行的習慣，是爲品性之直接訓練。由道德實踐的豫備條件，即所謂道德知識的教授，是爲品性之間接訓練。此種分別，在上章已大略的講過了。

在幼小時期，道德的觀念及道德的情操均未發達，雖然也可以由他律的訓練或模做以使之爲適合於道德的行動，但他們仍舊是和機器的活動一樣，一無決擇。學校訓育的初期，對於兒童，開始時即是採用這種機械的他律的方法，等到他們的知識漸次發達，馬上就得轉換自律的方法。要想養成他們能夠自律，對於道德的知見和確信，自然是一種不可缺的要素，這就是品性的間接訓練，也就由知情的陶冶以間接爲意志的陶冶。間接陶冶最重要的手段，有下列幾種，即：

### (一)道德教授

授之以道德的觀念，以養成其對於道德的判斷力，更加之以道德情操的陶冶，以提高其對於道德的理想和見解。換言之，此即係由認識道德以至於信仰道德的一個過程，即所謂道德教授是。道德教授中又可分爲直接間接二種。如修身教授，是爲直接的道德教授。在其他相關課程中教授關於道德的問題，是爲間接的道德教授。

(a)直接的道德教授　此項教授，我國小學教育中，在從前也特設一科，但至現在，大多已不採用此種方法，或編爲教材，插入其他科目中講授，或用直接訓練的方法，使兒童於實際生活中行之。此固爲一種新式的訓育方法，未可厚非，至實際上的效果何如，則就我國年來教育瀕於破產的情形觀之，亦自不難預測。然世界各國，對於修身仍特設一科，以爲教學者，其例甚多，故於此點竊以爲仍有略加討論的必要。

修身教授和其他科目的教授同，也是要以兒童的發達程度爲準據，漸次推進，使其能獨立思慮，獨立判斷，以期對於此種知識的徹底領會。然修身教授又和其他科目的教授有不同之處，卽此項教授如果是不能由知以激動情意或對於實行上有所貢獻，便失却了它的價值。申言之，若徒囿於教科書上之形式的知識，既不能使學生情意上發生何等的影響，又不能和道德的實踐上發生何等的關係，則此項教授早已失却其生命。故作此項教授之時，最要者，卽不要忘了直接的道德教授就是間接的品格訓練的意思。

(b)間接的道德教授　凡在其他科目中間插入有關道德的教材，這都是間接的道德教授。此種教授，其效果不亞於直接教授。如國文中包含有此種材料時，因文章美麗的關係，更可以使人發生興感。又如歷史，則可示人以行爲結果的事實，而增進其對於道德價值的確信。又如音樂，則可直接引起人之美感，對於性情陶融之力最深。此種科目名稱上雖是間接的，但實質上不獨和直接的道德教授沒有兩樣，且其及於學生品德的影響，有時或許較呆板的修身教授還要來得大。因有這種情形，所以最新的訓育方法，每主張不設專科，僅於各科中插入相當教材以爲之代，也就是這個理由。

(二)訓話或訓示

對於全校的或級別的兒童予以一種訓話或訓示，這也可以把它看作道德教授的一種。訓話訓示的內容，有豫定的，有利用臨時發生的件事爲題材的。二者中，臨時事件的訓話往往比平常道德教授的力量還要來得大。訓話訓示的效果，固然要看內容的何如，但身當其任的教育者所持之態度和精神，以及本人的確信，也可以使結果上發生雲泥之判。自己無確信的教訓，不獨不能使他人確信，反可引起疑惑。自己無誠意無熱心的訓話，不獨不能喚起他人的誠意和熱心，反可引起作僞的心理。此不獨訓話訓示如此，一切的修身教授都是一樣。道德教授姑毋論，就是其他一切的訓育，也悉關於教師之人格者爲甚大。

(三)校訓

校訓就是關於訓育方針的主要點，綱領，或德目的一種揭示，但於修身教授之外是不是要特設校訓，在現代教育家的意見也不一致。竊以爲關於道德修養的德目，實不勝枚舉，約之則可歸諸於至善之一點，故德目雖多，亦決非各各獨立之物。是則我們如果用一個或少數的德目，祇要能篤行勿倦，也自可以達到至善的境域。反之，修養的德目縱多，如均爲淺薄的東西，也不含有什麽多大效果。因爲如此，我們若能將所有實行的德目，整理起來，簡約起來，作爲一個校訓，復盡全力以實踐之，那末它的效果，必能特別增進，當無可疑。所以校訓一層，在學校訓育上也是一件可行的事情。

## 二 品性的直接訓練

品性的直接訓練，就是從道德的實踐上來作情意的陶冶。這便是實行主義或鍛鍊主義的訓練。一個自然現象，不論是反覆多少次數，一定之因必生一定之果，而且價值不變。人的行爲雖不能完全像自然現象一樣，但對於同一行爲如果屢經反覆，則也可以因爲感情的適應和意志的習慣等關係，而使之成爲易行之事。不僅易行，且可以由此以養成確信。

(一)管理

在兒童對於道德觀念未能充分領會，對於意志的自制力未曾充分養成之前，學校所用的初步訓練方法便是管理。管理者就是教師方面用權威命令，禁止，賞罰等等手段，來造成一個兒童的基本道德習慣。所以管理完全是一種他律的訓練若僅用此種方法，則兒童的行爲必將全然成爲機械的，無何等道德價值之可言了。因之罕爾巴爾脫氏認爲此種方法祇能及於兒童外部的習慣，決不是眞正的訓練，且以爲管理祇是訓練的一種預備階梯。不過再一仔細考慮管理本身仍還有它相當的價值，何以呢？一個幼小時候養成的善良習慣，當時雖不發生若何重大的價值，但到成人之後，就可以得到它的用處了。縱使在當時沒有什麼價值，如果道德意識稍稍發達，對於實行時的幫助，都是很大的。反之，在幼時所養成的惡習慣，當時雖不覺到有什麼惡害，大起來就要受他的苦痛了。

小學校中作初步訓練時，由管理所養成的基本習慣，爲清潔，整頓，秩序，規律，儀式，禮貌等等。詳言之，即身體和衣服的清潔，服裝和用具的整頓，遵守時刻，嚴守秩序，禮貌上的表示，言語的用法等是。如管理得法，在日常行爲之際即已成爲一種習慣，長大成人之後，就是一點不留意也不會做錯了。

再進而爲規律的厲行，以養成守法的習慣，更進而爲道德的涵養，以養成高尚的品德。如節儉，勤愼，果敢等之訓練及命令禁止等之執行是。

（二）敎師

敎師的模範，乃是一個活的敎訓，比許許多多的格言，和千言萬語的訓話，力量還要來得大。兒童祇消看着他的具體的行動，加以模倣，就可以作成一種習慣了。又敎師對於種種的敎訓，都能體身力行，示以模範，則其感化力亦必較任何者爲速。

敎育本來是一種家庭事業，敎師不過是代表他的父母來作這種事情能了。所以一個敎師，如能以父母之心爲心，愛護敎養，無微不至，那末學生對於敎師，也必定像自己的父母一樣，肯誠心的聽信服從了。這樣的師弟關係，當然是一種理想的境域，若要做到，自非易易。不過師弟間的眞正感化，必須是赤裸裸的人格和人格的接觸。德國大敎育家裴斯塔洛齊的主張，即是如此。

敎師自己不能實行的事情，若用虛飾的功夫來敷衍，那就不啻於敎學生作僞。敎師對於學生若過於嚴酷，連一點同情也沒有，學生表面上對於他固然是很害怕，但面從心違，也容易養成一種僞善者的態度。人均各有所長，各有所短，敎師對於自己的缺點，也無掩飾的必要。倘能像父母一樣，以不以爲恥的熱情和毫不掩飾的至性，來對待兒童，則兒童亦必將增進其敬慕之心。

（三）校風

學校之有校風，亦猶個人之有個性。教師的人格表現，則係由個人以感化個人，校風的訓練，則係由團體的意志以陶冶個人的意志。學校之有校風，恰如江海之有潮流，力之所屆無不景從。校風與校訓相對，不過一個是訓練的原則，一個是訓練的結果罷了。

學校的主義方針，校訓，以及歷史的沿革，因襲的慣例，學校及畢業生的名譽等等，都是作成一個校風的重要原素。有善良校風的學校，對於兒童品性的訓練，要比較來得容易得多。

（四）儀式

儀式是從一種莊重的容貌和肅靜的威儀之下，以引起人們的內心的虔敬的。「禮儀三百，威儀三千，」我國古來對於這一點即非常講究，不過到後來成爲一種流弊，即所謂「繁文縟節」，反把儀式的眞正精神喪失了。在歐西各國，都因爲有宗教上的關係，儀式的訓練，即借此種地方行之。從心理上講，儀式和心理的作用，也有密切不離的關係，因爲一個人的表情，必和他的心理狀態相適應，即心一虔敬，面上亦必顯虔敬之容。反之，在一個莊重的儀式之下，也可以引起人的一種莊重的心理。近來吾國人也有主張廢止儀式的，自是過早之論。自心理的教育的立場看來，在現今這個時候，即一般社會道德的發達未臻健全的時候，竊以爲尚有相當保存的必要。

## （五）課程

學校事業中占大部分時間的便是課程，課程的目的，一面是在知識技能的教授，一面也還可以借着這個機會以爲品德的訓練。我們如把學校教育當作社會生活的一種的準備看待，那末，學校課程就不啻是一種社會業務的訓練。既不啻是一種業務的訓練，那末，對於業務上所必要的道德訓練，也自不可少。在現代這種分業制度之下，無論何人，都有從事於一種業務的責任。對於所從事的業務能否盡職，此不獨有關個人之發展，且有關國家之繁榮與社會之進步。唯其如此，所以我們在授課之時，即須養成其對於義務職責之觀念與感情，俾將來從事之際，得以克盡厥職。欲養成此美德，則利用每日授課的機會，使之反復實行，以養成其習慣，是爲最屬有效的方法。即由尊重課程之精神以養成將來尊重業務之精神。且職業本無貴賤之別，不問職業高下，均須以盡責爲最要之義務。

次之，則爲勤勞奮勉的習慣。一個人將來不論做任何職業，如不知勤勞奮勉，決不能完成其義務上的責任。學校授課，也是養成這種習慣的一個好機會，因爲每日中間都在那兒鍛鍊。這種工夫在近代生存競爭劇烈之世，尤爲重要，如沒有這種堅忍持久和努力奮鬥的精神，將來必爲人所淘汰。

此外，如整頓，秩序，規律，綿密，機敏，沈着等，也是很重要的德目，而須在課業中養成的。

課程不獨有關於個人從事職業的訓練，抑且有關於從事公共團體事務的訓練。即對於課程本身，我們固然應該有一種責任的精神，并且應該養成勤勞奮勉和其他諸德，然而一方自己還應該覺到。將來不拘辦任何事業，都是和社會的公共團體發生關係的，這種的自覺便叫做職務上的社會的動機。學校也是一個公共的團體，大家都抱有一個共同的目的，即一舉一動，亦和全體的利害有關。學校内的課程，也猶之乎是大家共同的事業，並不是各人孤立從事於此，而是協同一致以達到此種目的。換言之，學級也是一種公共團體，不僅要使各個兒童知道去謀進步，還要使他們去注意全體的進步，并要使他們知道個人的進步與否和全級人的進步上有若何的關係。兒童有了這種的自覺，則將來不獨能做一個獨立的人物，同時也有了協同合作的精神，能够去擔當社會的任務，以盡他社會一分子的職責。所謂社會的本能，即是從這種樣的自覺和這種樣的訓練發達起來的。

前舉直接訓練的第一個方法，即所謂管理，它和課程是相互關聯的。且課程必以管理爲必要的條件，然後能收相當的效果。惟管理全爲外部的强制，祇能養成他律的習慣。至於課程，則已經參入不少自律的成分，即兒童本身已可由自發的活動以養成自己意志活動的習慣了。不過這種方法，在小學初年級尚不能適用，還須對於他們發達的程度，詳加檢討之後，再能酌量的施行。

（六）作業

作業也可以説是課程的一部，所以上述課程訓練應注意各點，在作業時也應該爲同樣的注意。然而既是同樣的東西，爲什麽在此地又特設一項呢？這也因爲近年來一般教育家對於這個問題的討論，甚囂塵上。所謂作業，自廣義言，精神的作業固亦包括在內，不過通常的解釋，都是從狹義方面講的，即單指生產的作業而言，亦即僅指筋肉活動的作業而言。作業在教育上的價值，自一般作業學校主義的教育家看來，即在啓發兒童自發的活動一點。在訓育上，也是使兒童養成自律的習慣的一種好方法。從兒童本性上講，他們對於活動一層是很歡喜的，作業一事，即係利用兒童此種的心理。加之，關於作業方面的活動，和一般課程相較，確是接近實際生活得多，爲養成兒童將來對於社會生活的準備起見，作業當然是一種很適切的方法。況且從作業上還可以附帶訓練意志的活動，養成勤勞的習慣和共同合作的精神，以及其他許多德性的陶冶。不寧唯是，作業時兒童自由活動的機會很多，我們還可由此以得到個性觀察的便利，而施之以適當的訓育。

其中尤其是生產的作業，因爲生產作業的具體結果，在眼面前馬上就要表現出來的。如果不勤勞，作業的效能即會減低，當事的人，時時刻刻痛切的在感覺着要想貫徹他的目的，便不能不忍耐着，便不能不堅持着。這種情形，便是意志活動一個最好而且最有效的訓練，久而久之，愛好勞動的習慣也就在無形中間養成了。

作業的目的，如果單就製造物品，以及技術的熟練，和身體的勞作等着眼，那就未免太狹隘了。縱使是達到了這種目的，也不過是一種勞動者的教育。作業的目的如此，在教育上的價值也就減低了。所謂學校教育中的作業，不僅是要達到上述的目的就算完了，還要更進一步，以養成他們種種的德性，不寧唯是，還要藉此以養成他們的創造力想像力等等。作業須併合此種種方面的任務，然後才有教育上的價值。如僅偏於一方，那就不啻把教育的本領都縮小了。我國年來的教育界也有好些人主張注重作業教育的，但一考察其實際，所謂作業，不過是掃地做飯種菜掘地而已。祇知注重身體的勞作，而把知的陶冶和品性的訓練都忘記了，這樣的作業教育，誠未免太狹隘了。

（七）遊戲運動競技

遊戲的本能，不僅是學習的基礎，而且是從自由活動以移入課業的一座橋梁。蓋兒童在未就學之前，其所有的活動大部以遊戲為主。這種自由活動的遊戲，純出於內部本能的衝動，一面以之為喜樂，一面以之增進身心的活動。遊戲不僅可以促進身心的自然發達，且可以促進道德意識的自然發達。等到兒童入學之後，學校方面就用課程這一類的東西把兒童的自由活動漸漸束縛起來了。功課之外，還加之以品性上的訓練，俾他們得由此種準備以適合於將來的實際生活。

有好些人往往認為遊戲這樣事情和業務是矛盾的，其甚者竟至對於學校教育中的遊戲，加以極大的非難，我國抱這樣一種思想的人到現在仍還不少。我們對於業務固然要抱一種尊重的態度，然業務與遊戲二者亦未必全然相反。不寧唯是，一個人在終生中間，遊戲這樣事情也還是必要的之一。學校教育為被教育者將來適應社會的實際生活起見，對於業務準備的功課，固屬必要，然而一個兒童由完全遊戲的時代，以乍入學校，我們馬上就叫他拋却了遊戲而來對着這個嚴肅的功課，此不獨在事實上爲不可能，而且使兒童生活的變化過於急劇，也不適合於他們的身心發達。所以在小學校的初年級還是一個過渡時期，不獨許可他們作純粹的遊戲，就是功課也取一種遊戲的精神，讓他們好去自由活動。由此引導兒童漸漸歡喜去學習功課，更由此以誘發他們對於業務的愛好。遊戲的效用，一方面固然是娛樂，然而他方面尙兼有陶冶性情和發達體育的目的在內。

遊戲最容易發露兒童的個性，做教師的於此不可不加以精密的觀察，俾作訓練之資。遊戲也可以說是一種的自然體操，凡體操在訓育上所有的價值，遊戲中亦一一有之。遊戲對於個人的訓練，可以養成活潑的性情，和勇敢，忍耐，果斷，熱心諸德。對於團體的訓練，可以養成守規則，重正義（尤其在競爭遊戲的時候）同心協力等習慣。又遊戲在各人相互間則可以得到很多機會的社交的訓練。

遊戲在體育上的價值，知道的人固然很多，至其在訓育上的價值，則尙未充分得到世人的了解。一個人不論他的年齡如何，娛樂總是很必要的，若祇有痛苦而無娛樂，身心上就要發生不好的影響了。若因遊戲而荒廢功課，這當然是不相宜的。遊戲的一方固然是娛樂，而他方則爲品格的訓練，關於這一點，即是它在訓育上的最重要的任務。英美諸國的人，對於這一點頗能利用，所以他們的運動和競技差不多都成爲一種極有力的品格訓練。我國各學校，對於運動競技等等，不是爲勝敗之心所移，便是蹈於犧牲學業的弊害，這都是不對的。學校教育所以採用運動競技的本旨，當非專爲勝負，或專爲娛樂，而是在品格的陶冶和體育的鍛鍊二者，自毋待言。

## （八）自治制度

由他律的訓練以移向自律的訓練，乃是學校訓育的一個重要原則。此所謂自律，要不外爲自治的意思。學校內所以特有一種自治的組織者，一方固爲自律的訓練而設，他方也是要想由此以養成一種國民生活所必要的公共的精神。

學校本是一個公共生活的團體，爲維持公共的秩序起見，於是在學校行政上遂不得不有種種關於監督方面的設置。不過這種監督權如果都是操於學校之手的話，那末學生就不啻完全處於被監督的位置了，這種辦法，我們可以稱之爲訓練上的專制主義。反之，學校把監督權的一部分讓給學生，把應監督的事項的一部分也交給學生，讓他們自己去負責辦理這種辦法，我們可以稱它爲訓練上的立憲主義。這立憲主義便是現在所講的學生自治制。在原則上講，學校中的任何團體組織，當不能完全不受學校的監督。所謂自治制，也不過是不想要學生全然處於被動的地位，而把監督的權能交付給他們自己的意思，雖是交付給他們了，但學校仍然還負有最後監督的責任。不過這種的制度，也要看學生的年齡和程度，以定其自治要素的多寡。中學校比小學校的自治成分要來得多，大學校的又要來得更多，這是不必講的。然而也有主張小學校可以採立憲主義，而中學校則反須採專制主義的，此種主張固無不可，不過要看他的着眼點在何處，及其方法何如，然後才不致違背這個新訓育的潮流。

不須外部的強制，學生自己卽能遵而服從團體的規律，保持其秩序，維持其風紀，以達到其共同的目的，這便是自治制度的精神。所以在實施自治制的時候，先要看看學生的心意是不是相當的發達了，再看看他們有沒有實行的能力。一等到讓他們實行自治制之後，便須處處尊重他們的人格，信任他們的能力，鼓勵他們自重自信的精神，并且要使他們有對於由自由與特權所生責任的一種自覺，更由此責任的自覺以確樹他們對於一個共同團體的公共心的基礎。

學校的名譽不名譽，他們能當作自身的事情看待，校風的振不振，他們也能當作自身的事情看待。不須學校獎勵，應做的事情他們自會去做，不須學校懲罰，不當做的事情他們自己會去制裁。事無大小，他們都設得有適當的機關，以自行處理。自治制到了這樣的程度，才算是合乎真正自治的精神。有了這種的訓練，他們將來到社會上去做公共的生活，當然是很可以處置裕如了。

學生自治制度最成功的要推英美二國，此二國的中等以上學校固不必說，就是小學校也在儘量的推行。尤其是美國的學校，有好多學校都是做效國家或都市的行政組織的。

我國年來校風之壞，已達極點，殆無時無處不有學潮，學校幾瀕破產。學生每以提倡自治為名，動輒設立團體，干涉校政。民國十九年，政府且有關於學生自治會之各種規定之頒佈，但亦虛有其名而已。竊以為要想革除此種弊風，必先就其癥結之所在，以求根本上之解決，并須繩之以軌範，導之以適宜之方法，庶幾有效。

（九）寄宿舍

品性陶冶最適宜的地方莫如家庭，然就學之後，或因距校路遠，或因其他的情形，遂不得不設法寄宿，於是乃有所謂通學制度和寄宿制度出來了。通學制和寄宿制相較，當以通學制爲優。因通學制被敎育者除學校外，一方還可以受家庭的訓練，他方還可受社會的薰陶，如其家庭優良，則的確可收學校社會家庭三者溝通之效。至於寄宿制，則專靠學校一方，不獨使兒童失却家庭的溫情，抑易使他們蒙到社會的惡影響。所以縱因特殊情形，不得已而採寄宿制度，也應該模倣家庭生活相近似的組織。其中尤以女生的寄宿舍有實習家事的必要，且在管理上亦應特別注意。不過寄宿舍也有它的長處，卽實行上述自治制的時候，則應以此爲最適宜的地方，遠爲家庭所不及。

（十）命令和禁止

在沒有思考力和自制力的兒童，其初步訓練的方法，可以用命令和禁止約束他們，不消說，這完全是一種他律的方法，至於自律的訓練，那就不宜採用這種形式了。命令與禁止，係以敎師之威權行之，此處敎師之威權，卽所以代表道德的威權。惟實施時有不可不注意者數點。

(a)命令禁止宜少用，尤其是在一時中不可多發。

(b)命令禁止一發生了，必須實行。切不可對於同一的東西反覆發出數次。

(c)命令禁止必須是合理的，方針上亦應始終一貫，不可有矛盾之處，也不可發生後又遥自取消。

(d)命令禁止應公平無私。

(e)命令禁止的文字，應簡單明瞭，其語氣應嚴重堅確。

(f)命令禁止於未發之前，即應充分考慮其是否適當，難於實行的，還不如不發。

(十一)賞罰

賞罰也和命令禁止的效用一樣，完全是一種他律的訓練。一般主張自由主義的人，對於處罰一層頗多反對。他們的理由是：訓育本來是勉人爲善的，不能使人爲善而又至於要用處罰，那就不管是訓育失敗的一個自白了。好就給他一點菓子吃，不好就給他一鞭子，這是對於奴隸和犬馬的訓練法，决不可施於具有人格和良心的人類云云。

對於賞一層，歷來也有很多的議論。即一個人本來不是希望賞而才去爲善，乃是因爲義務和責任的關係而去爲善，故自自律自治的原則言，殊無賞之必要。不過平心說來，爲喚起一個人的自重心和自信心起見，獎勵表彰，也不是一定不能用的。不過這個方法一過度，便易於刺戟人的名譽心和競爭心，使之一變而爲虚榮心和功名心了。然而賞究竟是手段而不是目的，若使兒童以求賞爲目的而生行善的動機，那就有本末倒置的危險了。行賞之時，對於賞品一層爲物質的或非物質的，亦應加以考慮。如果容易使人誤認物質的賞品即爲行善之目的的話，那就可以採用褒詞，獎牌徽章名譽等等以爲表彰。賞時應注意者亦有數點：

(a)賞應公平，不可使他人因此而引起猜疑妒嫉。

(b)出於努力爲善者宜賞，出於天稟者則不必賞。

(c)賞宜節，切忌多用。

罰本不是教育的目的，故能避免者則以避免之爲宜。罰的效用，乃是要他們由罰的苦痛以知道德之威嚴，而不敢再有非行。又對於執拗的人，也非罰不足以折服之。然罰非易事，用時切應注意。

罰有體罰，自由罰，名譽罰三種。體罰就是直接使他身體受苦痛的一種辦法，這是最原始的，現在有很多的國家都已明令禁止了。自由罰乃是由禁假拘禁等手段以束縛他的自由。名譽罰則係以訓斥，起立，退席等方法行之。罰時應注意之點如下：

(a)罰應以改悔爲鵠的，切不可含有報復的性質。

(b)罰宜少，務防範於未然。

(c)罰應公平。

(d)罰宜從輕。

(e)罰應適當。

(f)罰應嚴肅。

(十二)其他

此外，如學校中之各種集會：學藝會，校友會，家族懇親會，畢業生會，以及遠足會，修學旅行等，皆與現實社會所行之各種會合，具有同樣之性質，且因其與現實生活相接近，又能喚起兒童之興趣，并能誘發其自由活動，故在實行主義的訓練方法上講來，都是一種很好的機會。加之，師弟間的人格，此際也可以赤裸裸的相接觸，其感化之力，自較尋常爲大，教育者誠應多造這種機會，并適宜的以利用之，則訓練的效果，必能增速，固可無疑。

# 後編　實際問題

## 第一章　近代倫理運動問題

### 一　倫理運動的由來

前編所講的，祇是關於教育倫理學的理論方面的問題，現在請再就實際運動方面的情形來講一講。這種實際方面的表現是什麼呢？就是近世紀所起的「倫理運動」(Ethical movement)是。茲將這運動的沿革及其所以一蹶不振的原因，略述如次：

倫理運動於一八七六年起於美國，首唱者爲哥侖比亞大學教授阿特拉氏。一八九一年英國也發了這種運動，翌年，這種潮流又傳到德國，當時德國伯林大學的教授廿幾凱福斯泰等，復大爲此種運動張目，於是數年之間，在粤大利，法蘭西，意大利等國，也都起有同樣的運動了。

### 二　倫理運動的目的

其時各處雖都有同樣的運動，但他們對於這種運動的目的的解釋，仍各不相同。這也因爲這種運動的緣起，本來就是一種自由的集合，其中分子，抱有各種思想的都有，各人既各有他的見解，對於這種運動的目的的解釋，自然不能大家一樣了。例如當時有一個倫理運動的重要人物，美人散爾登氏，在他所著的「倫理運動」一書中這樣的說：『所謂倫理運動這件事情，與其說是哲學的運動，毋寧說還是一種宗教的運動。申言之，其目的就是要把從來宗教上所賦與的特權來推翻，宗教上所維持的道德來推翻，再用合理的研究來建築一個新基礎，并從這個新原理上來維持我們的道德』。照散氏這種議論，似乎是專爲建設新宗教而作此種之倫理運動的。其實倫理修養另爲一事，殊不必與宗教的信仰相提並論，所以他這種論調，祇不過是當時倫理運動中的一說而已，誠然不能代表當時一般人的思想。蓋一般的倫理運動，大都是離開宗教的立場，從倫理本身，或當時的社會要求而發的，我們祇消再看一看此種運動的首唱者阿特拉之說，就可以明白了。

阿氏於一八八九年，在 Ethical Record 雜誌上，曾發表下述意見。他以爲倫理運動的主要目的有三：第一，人類所有的一切目的中，應以道德的目的爲最尊；第二，道德律和宗教的信仰或哲學的眞理，全然無關，道德本身自有牠獨立的威權；第三，提倡道德，卽所以爲促進人們之眞正生活的「學」和「術」。此三者，凡是做倫理運動的人，都應以之爲共通的目的。他又主張此種運動，決不是學者的專有品，也不是某特殊階級的專有品，無貴賤尊卑之別，凡抱有推進道德之志的人，都應該來做一個會員，俾一般社會標準，得以提高。照他這種意思，所謂倫理運動，分明就是一種的社會運動了，自其目的言，也就是社會敎育中的德育運動了。

## 三　德國倫理運動概況

在這幾位美國學者的主張之外，我們再把德國倫理運動的情形來看一看。即其時德國學者間設有一種德意志倫理修養會（Deutsche sellschaft für ethisc'e kultur）。在那會章中間，把目的一層，規定得甚爲淸楚。會章上這麼說：本會的目的，不論會員相互間或對待會員以外之人，無生活階級之差，也無宗敎或政見之別，一以促進倫理之修養爲宗旨。又關於修養方面的理想的目標，爲正義，誠實，人道及相互尊敬四者。爲達到上述目的起見，更有下列的規定：即第一，會員應以倫理上的問題，原則，義務等相互督勵；第二，會員對內或對外皆應守下列之規定：

a. 由經濟的社交的方面，以研究生活的事實和形式，予倫理上以必要的改良。

b. 對於一般青年的敎育，須樹之於純粹的倫理的基礎之上，且務使其能確切領受。

c. 對於一般人民，應向彼等切實闡明關於藝術上和學問上的道德敎育的意義。

d. 凡有俾益於道德的書籍，報章以及其他一切記錄，應儘量補助其發行。

e. 對於社交或交際的形式，均應具有道德的意味，國際間之交際亦然。

據以上所舉，該會目的之所在，已可概見。除目的外，他們對於各會員應負如何的義務，更有詳細的規定。即凡十八歲以上者，無論何人，皆得爲會員。入會會員均須服從本規則之規定，幷須負擔定額之會費。團體會員之場合，同會員之費額得自由認定之。但一年不得少於二馬克。團體會員不得少於四馬克。會費以先期三個月繳納爲原則，但有特殊情形，得於一月前或半年或一年繳納之。會員之義務，須就本會之目的，體身行之，幷須儘力贊助本會之設備。會員之權利，對於本會職員之選舉，有選舉權及被選舉權，對於本會之一切設施，有免費參加之權。須入會滿三個月，始得有選舉權。凡欲退會者，須遞正式請求書，又受二次以上之督促，並在一年以上未繳納會費者，應受除名之處分。

以上所舉，對於德意志倫理修養運動會之重要組織，亦已言其大概。次之，這種運動，在實際上又做了些什麼事呢？這個會，一直至現在止尚還存在，說到他們所做的事，每年雖多少有點不同，但自一八九七年以後，各國倫理運動之間，都發生了聯絡，成立了倫理同盟，幷出版一種報告書。最初的幹事，便是以道德教授的著者著名的福斯泰博士，他年年都寫得有有價值的報告，我們一看，即可知道此種活動之爲何如，及其具體見解之爲何若了。據該報告書所述，成績頗佳，如紐約的倫理運動，對於兒童俱樂部，亦大事擴充，置有 Hudson Guild，幷聘請愛利阿特博士爲監督。又於 Hudson Guild 中建築最新式的幼稚園，其中設有圖書館，可供男女兒童之利用，不寧唯是，就是長成的男女，也均得爲 Hudson Guild 會員。Hudson Guild 的性質，也就是一種的俱樂部，不過他的目的，祇以砥礪品德陶融性情爲主。此外，則阿特拉氏辦得有倫理修養學校。又芝加谷市於一八九七年，有沙爾泰者曾在該處召集兒童作倫理運動的公開講演，唯該氏爲 Unitilion 教徒，故他對於這種運動，頗有視之爲新宗教運動之概。後氏又到非拉特爾發作同樣的運動，并且辦了不少的社會事業。當氏在該處演說「道德的人生觀」的時候，對於都市道德的改善一層，曾再三致意。他如對於勞動者的扶助，及其經濟地位和社會地位的提高，工資的增加等等，也俱有所主張。又如向雇主建議以保護勞動者的利益，也是他的倫理運動的重要工作之一。他并且辦有接待勞動者的事務室和消費合作社等等，時時和勞動者相週旋，而爲他們解決租稅問題種種事情。

在聖路易地方的倫理運動情形，也和上面所講的差不多，其主要工作，亦大半爲關於勞動者的問題。該處對於此種運動的領導者是散爾登，他辦有一種自己修養會(Self Culture Hall Association)，以幫助勞動者及其家族的精神的向上發展。他并且常常爲勞動者開講習會，向他們說明機械的原理，更爲青年婦人講演衛生學，家政以及古來有名婦人的傳記等等。

此外，還有一個希臘倫理會，這可以說是聖路易倫理運動的一個餘波。該會在最初之時，本來是以研究希臘的道德哲學爲主旨的，嗣後漸次擴充，乃對於文學政治哲學等等，亦莫不有所討論，并就此各方以討論關於道德的問題。

要之，德國倫理運動的主要表現，不外爲公開講演及會員茶話會等等。一八九七年十月九日至十一日，於伯林開第四次德國倫理修養大會，全國會員都來參加，頗極一時之盛。德國名都如伯林，福來堡，哥尼斯堡，葉那，瑪堡，米亭等處，也都設有支部，并派得有委員以主持一切。在拉勃幾西雖也設得有支部，但須遵照薩克遜的法律，不得在該處派遣委員。

據當時的報告，謂該會因萬國倫理同盟的關係，美國一年補助一千五百馬克，英，奧，瑞士，以及德國政府，年年也有定額的補助款項。瑞士萬國倫理同盟的幹事，其年俸爲五百馬克。至於設備方面，則烏爾姆設有通俗圖書閱覽所，米亭，福朗克福爾脫等處設有通俗娛樂夜會，斯曲拉斯堡設有通俗講演會，伯林設有職業指導所等。

又此次大會的公開講演，其主要的題目及講者姓名如次：斯打登茄博士的講題爲「階級鬥爭」，明斐西博士的講題爲「通俗教育」，路特大律師的講題爲「刑法」，耶斯曲洛博士的講題爲「罷工」，瑪特斯曲利夫人的講題爲「婦人問題」等。

## 四　英國倫理運動概況

在英國的，則有倫理會同盟（Union of Ethical Societies）。起初英國本來有北部倫敦倫理會（The North London Ethical Society），南部倫敦倫理會（The South London Ethical Society），東部倫敦倫理會（The

East London Ethical Society),西部倫敦倫理會(The West London Ethical Society)等四個團體,後來合併便成了這個同盟。又從外邊來加入同盟的,則有拔脫散倫理會(The Battersea Ethical Society)和樸資莫斯倫理會(The Portsmouth Ethical Society)二處。此外,還有因爲主義不同而始終未加入同盟的,則有倫敦倫理會(The London Ethical Society),南部倫理會(The South Place Ethical Society),裴爾發斯脫倫理會(The Belfast Ethical Society)和劍橋倫理會(The Cambridge Ethical Society)等。其中以劍橋倫理會爲最有名,主持人就倫理學名家雪格維克教授。

一八九七年五月十五日起至十七日止,倫理同盟會在倫敦開第二次大會,到會的會員爲七十九人。英國全國會員共有七百人以上,此次到會人數約占全數十分之一。開會時所討論的重要問題,爲小學校修身教學問題云。

此外還有一個倫理宗教會(The Ethical Religion Society),乃是斯坦本博士所主辦的。此人本是一個加特力教的牧師,他雖然放棄了本業而來參加倫理運動,但他的腦經中固仍還脫不了加特力教的信仰,以致一般作倫理運動的人都不十分歡迎他,他不得已,於是只好獨倡一派。

又上面所講的倫敦倫理會,它的性質,亦和別的團體有點兩樣。這個會所注重的,不是實際運動而是倫理學原理的研究,其領導者即爲有名的倫理學者繆阿赫特氏,并辦有專門研究倫理學和社會哲學的學校。

又前述北部倫教倫理會的指導者爲斯打多柯伊脫氏，辦有星期學校，其中收容男女學生六七十人。當第二次同盟大會之時，斯氏曾親自出席，并參加公開講演，其講題爲「英國的階級的差別」其中包含五等，即第一爲貴族，第二爲上流中等社會，第三爲中等社會，第四爲下流中等社會，第五爲民衆云。

## 五　法意粵日諸國倫理運動概況

法國在一八九二年的時候，就有台嘉爾登這樣一個人，作一種類似倫理運動的活動，也出版得有好幾種刊物，開了好幾次講演會。等到國際倫理會同盟成立，正式參加這種運動的人也漸次增多了。至於意大利，則一向就和別國的倫理運動有密切的聯絡，而從事於其他社會運動的人，也不在少數。又如粵國首都維也納，則設有倫理運動的支部，它所做的重要工作，爲徒弟狀況的調查，此次報告，曾揭載倫理同盟大會紀事錄中。該國的教育部，也曾爲這種運動開了幾次通俗講演會和幾次短期講習會。又如瑞士，在該國的白爾恩市及久利西市，倫理運動亦頗旺盛，倫理同盟大會紀事錄中，也載得有它們的詳細報告。

以上所述，都是關於歐美各國的倫理運動狀況，至於東方諸國，如我國，則除有少數翻譯及創作之倫理學書外，尚未有此種運動。如日本，則學術較爲發達，在該國明治三十年，即辦有丁酉倫理學會，但也祇不過是一種學問上的研究，仍無若何實際運動的表現。

## 六　倫理運動的衰微

據以上所述，一八九七年左近，實爲倫理運動的全盛時期。且其事業，不僅限於倫理研究一方，幷辦得有其他的社會事業。照一般看來，這種運動目的旣很高尙，在當今的時務，這種工作又很必要，理應臻臻日上才是，但事實上都是相反，不獨略無進展，且大有聲消影寂之概。這固然是一件很遺憾的事情，然其所以不振之原因又何在呢？這就是大可研究之處了。

竊以爲這種運動之所以不能堅持，原因雖有種種，但最要者也不過下列數點：卽第一，爲對人的問題，當初在歐美作實際運動的人，以猶太人占大多數，猶太人向爲歐美人所蔑視，所以他們作這種運動雖力始終不能得一般人的同情。第二，爲宗敎的問題，在一般宗敎團體的人看來，這種運動實不啻於反宗敎同盟，以致引起他們的誤會而對於這種活動無形中加以阻礙。第三，爲自身的原因，在倫理運動本身就是一個乾燥無味的窘題，一講到這件事，現代一般人都是不能十分表示歡迎的，何況物質勢力又這樣的強盛，各種思想潮流又那樣的複雜，又有誰肯來和這種迂腐的運動表同情呢？

二十幾年前，卽一九一二年在倫敦召集的第一次萬國道德會議，和一九一四年在和蘭召集的第二次萬國道德會議，恐怕要算是這種運動的尾聲了。這兩次會所研究的主題，都是關於道德敎育上的問題，此種運動雖然，但以教育上的見地看來，這種問題的研究，仍爲必要，這也是誰都不能否認的。至於此後，這種工作應從何處做起，幷應怎樣的做才能引起一般人的同情，這就要看有心者的辦法好不好了。

## 第二章　道德教育與感化教育

### 一　感化教育的由來

教育倫理學中所包含的實際問題，也便是道德教育上所應討論的問題，這個意思，在前緒略已提及。上章又已將近代各國倫理運動的概況說過了，現在所要講的，祇是若干個別的特殊問題。但關於道德教育上的特殊問題，自然是很多，要一一敍述，當屬不可能之事，茲僅就管見所及，陸續提出幾個問題來和大家作一翻討論。今請從感化教育的問題講起。

感化教育的問題，換言之，也就是不良少年的取締問題。不良少年的範圍，不都是在校的兒童或青年，還有一部分是在校外的，所以這個問題，不僅是屬於學校訓育或管理上的事情，幷且還是一個社會教育的問題，亦卽社會道德訓練的問題。

據輓近的統計，少年犯罪者的人數，和人口的增加，及其他犯罪者的人數相比較，數字顯見增加。這種事實的表現，極引起歐西一般人的注意，幷認爲這個事情是一個重大的問題。少年犯罪者的增加，其原因又果何在呢？據一般學者的研究，咸以爲道德性格的不鞏固，實在是他們所以犯罪的根本原因。惟其如此，所以要想減少少年的犯罪，與其對於他們用刑罰來制裁，毋寧還是設法用教育來感化，這便是感化教育之所由起。此外還發見一個事實便是刑罰的力量對於少年所收的效果極爲薄弱。蓋少年犯罪者中再犯者實占大多數。倘光靠刑罰對於他們能收效果的話，再犯者就應該減少了。但事實恰與此相反，不獨不減少，而且次第增加。我們祇消看德國的調查，即可知之。據一八八九年的調查，德國全國的少年犯罪者共五千五百九十人，至一八九九年，即十年後，全數爲八千九百十九人。再把再犯的比例來看一看，一八八九年再犯者祇九十三人，而一八九三年已增至一百二十三人。照以上的調查看來，可見對於少年犯罪者，也和大人一樣予以同樣的禁錮或同樣的懲役，是不相宜的。最少也應該改變科罰的方法，然後或可發生效力。縱不然，也應特設少年監獄，不要使他們和大人的犯罪者同時收容在一塊。

緣於上述的結果，於是有種種議論起來了。有些人以爲對於少年犯罪者，不宜沿用懲戒普通犯罪者的方法和手段，而應積極的施之以教育，俾少年犯罪者的道德的性格逐漸改善。又有些人以爲應養成他們的名譽觀念，使他們深知犯罪爲可恥之事。又有些人以爲如果和其他的犯罪者同監禁在一處，反可以受到更深的犯罪的誘惑，故應設法使之隔離，以免感染。綜括以上的議論，一言以蔽之，都是想從未然的方面加以防止，俾其結果不致流毒社會，并且還有一個共通點，就是對於不良少年與其用刑罰制止，毋寧還是施行一種特殊教育。

然而不良少年教育的目的，又應該是怎樣呢？我們第一個目的，便是要使得他們不歡喜去做壞事。即不僅是不去做惡事，而且要不去起惡心。能使爲惡的心思都可以不潛滋暗長，這就算把最主要的目的達到了。要達這個目的非教育不爲功，這種特殊教育的機關便是感化院。照本來的責任講，這種任務原應該是父兄或後見人負的，一個人是否會成爲一個不良少年，在這個時期中的教育，即在家庭教育時期最爲要緊。感化院不過是代理家庭執行這種職務罷了。

但對於不良少年的教育的法規，則其來源甚早。查法國刑法，在一七九一年的時候，已經有這種的條文了。其年所制定的法國刑法規定滿十六歲以前的少年，如果因無知（Sans discernement）而爲犯罪行爲，在法律上爲無罪。不過在這個條文下邊有一行但書：即雖得無罪，但須受若干年之感化教育，又入感化院之時期，以二十歲爲止。一八一〇年的法國刑法，仍如舊貫，一八五一年之法國刑法，亦無所更動。至於德國一八七〇年的刑法，就和法國的規定有些不同了。德國刑法的規定，凡未滿十二歲者不爲罪。前述法國刑法，十六歲未滿者統須入感化院，今德國刑法則全然無罪，此其相異之處。至十二歲以上，則德國刑法亦有相當之制限，即其在十二歲以上十八歲未滿者，如犯罪意識未備，則爲無罪，否則亦須受相當之處分。但一九一〇年的追加法令，規定凡爲不當之營業者，須由警察取締之年少者觸犯此項法規，則由地方警察廳送交感化院訓練。據此項法令，可知其時德國對於不良少年也採用感化教育的方法了。其他各國的法制上，也均前後傾向於這種的辦法，於是感化教育一事，遂成爲今日道德教育上的一個重大問題。今請先將德國的感化教育狀況略述如次。惟著者手邊沒有很新的材料，所根據的還是大戰前的調查，明日黃花之譏，固所不免，但爲參考起見，雖是對於過去的敍述，而於本問題上則仍不無有若干的價值存在。

## 二　德國的感化教育

關於感化教育的法令，各國的規定，都有點不同，即以戰前的德國而論，各地方也都有他的特殊的辦法。例如入院的期日，年限，年齡，均多少有點參差。戰前德意志，本來是一個聯邦的制度，各種法規，因各聯邦的習慣風俗不同，自不能一致。此處所講的感化教育情形，我想從各聯邦中間去找出一個可以作代表的來敍述一下，俾讀者亦可由此以見當時德意志感化教育之一般。

現在要想講的德意志聯邦的感化教育，究竟應以何地爲中心呢？我以爲巴登大公國所採用的辦法，實可爲其時的德意志的代表。據巴登大公國的規定，凡地方廳均負有探聽其管轄區域內不良少年行動的義務。就是檢事局，警察署，以及城鎮鄉各學校，凡有關於不良少年的告示文書等件，也都由地方廳辦理。而當地的宗教家，亦須襄贊一切。對於不良少年特設有後見法庭，凡關於不良少年是否應受感化教育，均須先行送往這個後見法庭，聽其裁判之後，然後再決定送還家屬看管，或移交感化院訓練。在受感化教育的期間之內，監督者固然是公家，即一切開支，亦均由公家負擔。不過從還家屬看管的場合，其費用也有由家屬自己負擔的。

感化教育的執行權固然是屬於地方廳，然而感化教育究竟是在家庭中間施行好呢？還是組織寄宿舍這樣一種東西來施行好？或是在一種特殊建築中間來施行好？關於這一點，因爲適當的家庭頗不易得，一般還是採用一種寄宿舍式的感化院來收容這批不良少年。至於性質非常惡劣的不良少年，那就除入正式感化院之外別無他法了，這就是用一種特殊的建築物來實施此種教育的辦法。至於上述三種辦法應採那一種，在執行時，凡屬城鎮鄉地方議員以及牧師、學校教員等，均可前往貢獻意見。

若想把一個不良少年委託一個家庭代爲管理的話，那末對於家庭的選擇上邊就應該注意下述數點：如該家庭在外名譽之優劣，收入之多寡，以及其家有無貸屋與人居住，是否有閒雜人等出入。又如二個以上的不良少年收容在一個家庭中間也不相宜。如果有適當的家庭，在感化教育的原則上講，與其送往感化院，毋寧是送往家庭管理爲佳。

對於以上各點都考慮好了，就應該歸地方廳去執行了。執行的手續，第一步便是決定把這個少年送入家庭或送入感化院，第二步便是和家庭或感化院締結契約，第三步便是關於這個少年的健康診斷，第四步便是辦理這少年所需的必要物品，第五步便是注意這少年應該學何種職業，如係做學徒，則須代爲締結契約，第六步，便是注意這少年受完感化教育後的出路。

收容不良少年的家庭或感化院，也各各有他相當的權利和義務。所謂權利，便是締結契約時所定的相當報酬。所謂義務，則有下列種種，如對於該少年食物之供給，教育之注意——或送入學校，或送入教會。若是家庭的話，便應該對於這少年的習慣養成，以及工作勤勉，秩序遵守等事，一一加以注意。若是感化院的話，這少年入學所必備的一切學校用品，都應由院長代爲辦理。又此種少年如果是學農工商等實業的話，則由締約的方面負種種的責任。又凡收容不良少年的家庭或商店以及感化院，年年都應將該少年的健康行動學業等等，一一詳細報告當地行政機關，以備查考。

不過此處還有一件常常發生而不可不防備的事情，便是關於不良少年的逃亡問題。當他們逃走之後，固應從速搜尋，且辦理此事，亦以愈快愈妙，何則，倘稍一遲誤，恐其再入昔日的惡夥，或各方流浪，養成竊盜的習慣，則不獨前功盡棄，即行搜回，亦將更不易教養。不良少年逃亡的原因，要以受其父母的溺愛或他人的驅誘爲多。不好的父母往往歡喜把他的兒子當作一種牟利的工具，獎勵少年作惡。關於這種事情的防止，第一便是郵件的檢查。在柏林，則郵政局方面頗有聯絡，凡關於不良少年的信件，總先送給那負責的家庭或感化院的辦事人，經過相當的檢查，而後再交給本人，從來不直接把信件送與不良少年之手的。巴登地方也採用此種方法，對於不良少年的郵件取締甚嚴。一有逃亡，即通知警察，協力搜索。對於勸誘不良少年逃亡的人，則須受法律上之處分，科以一百五十馬克以下之罰金或拘留，如係累犯，則照刑事加重科刑。

感化教育的年限，有明文規定，爲至二十歲止。普魯士的法律，凡未成年者均須受感化教育，巴登所採用的條文，大體上也是如此。不過在一八八六年的規定是以十八歲爲感化教育的終期，至於二十歲，則祇爲例外，等到一九〇〇年以後，才規定二十歲爲感化教育的終止期。

至於感化教育的費用，在巴登則以地方費中關於貧民救助的費用中支出爲主，不過國家也有相當的補助。據普魯士一八七八年之規定，此項費用係由府縣或鄉村團體擔負，而國家則補助以府縣或鄉村所出之同等金額。一九〇〇年此項規定又略有變更，即國庫支出三分之二，而府縣則支出三分之一。巴登於一八八〇年之法令，則國庫和貧民救助團體中所負此項費用之數，爲二與一之比。

在巴登國的杜拉哈地方，設有不良少年救護會（Der Verein zur Rettung sittlich verwahrloster Kinder im Grossherzogtum Baden），此會於一八三〇年成立，其中收容之不良少年，約有下列數種：一爲因父母或尊長的不良而使少年陷入惡道者，二爲受刑罰之宣告者，三爲家庭教育不良者。收容此種少年之後，或委託善良家庭代爲看管，或送入感化院施行教育。這種感化院都是該會所辦理的，其中設有手工及農工商等實業各科。所收容之少年，年齡自五歲至十四歲，不問男女也不問宗派。貧困者則一概免費，富有者則由自身擔負。在院年限，由會內負責人酌量規定。一旦收容，雖有其父母之請求，亦不准其自由出院。

該會所設的感化院，共有三處：一爲上述之杜拉哈，一爲修芬根，一爲及斯哈姆。規模都差不多。據一九一〇年杜拉哈感化院報告該院共收有學生五十五人，徒弟二十二人，其教育方針，一以直接的敎育的感化爲主，即一方敎師以身作則，示以模範，他方更從院內的實際生活上與以直接的感化。不過他們所覺到最感困難的，即是授課一層，因爲這些少年學力和性質，都異常的參差。其課程之科目，遵照巴登國小學校規程，略加增損。爲陶融這些不良少年的感情起見，特設宗敎科目。讀書，寫字，數學三者固然很着重，對於唱歌一科，尤其注意，蓋以爲此科和性情陶冶至關重要。守規則和勤勉二事，爲訓育的主腦。而德育的訓練，則以祈禱，敎訓，及勞動三者爲實施的要項。感化院中所收容的少年，旣以德性的涵養爲主，所以此中的敎育方針，對於知識一層，其分量務必避重就輕，其程度也務必去高就低。至對於勤勞一層，則非常着重。知識和勤勞二者，相互調和，即於勤勞之際，相機授與知識，求知之時，也酌量與以勞動。這種辦法，也就是裴斯塔洛齊主義的感化敎育，即對於少年的情操和精神加以陶冶之外，還要敎他們手足也有適當的活動。由此種方法，幷可養成其職業上的技術和能力，實在是一種最切實際的敎學法。

以上所舉的，乃是杜拉哈感化院的大概情形。我們由此固可以見巴登感化敎育之大體，而德意志全國在戰前的感化敎育狀况之爲何若，也略可推知了。

### 三　英國的感化敎育

英國自一八五四年的感化學校令(Reformatory School Act)發佈後，感化教育的基礎才始確立。不過英國法令的精神和德國有點不同，就是犯罪的少年原則上必先課之以刑，而後再令其入感化學校。凡十六歲以下的少年犯罪者最少須在獄中禁錮二星期，然後再施以二年至五年的感化教育。一八六六年對於感化學校令雖有所改正，但仍採用處刑後施行感化教育的主義。至一八九三年才始稍加變更，不入獄即可許其入感化學校，就是入獄至多也不能過十日。照這個規定可知英國其時還是採感化教育和刑罰並重的主義的。一八九九年的規定分十六歲以下的犯罪者爲入獄與送入感化學校二種，其入感化學校者則不必服刑，

英國感化教育方針的變遷既如上述，至於目的一層在一八六六年的感化學校令中已有明文規定，即使少年犯罪者改過遷善爲感化學校之唯一任務。感化學校之外，又有所謂勞動學校(Industrial School)者也是一種實施感化教育的機關。凡七歲至十四歲的浮浪少年，即收容於此種勞動學校之中。此種學校，起於一八五七年，因此感化學校成立得晚，所以又名 Junior school，而稱感化學校爲 Senior school。據一八六六年的規定，勞動學校中所收容的兒童衣食概由學校供給，晝夜均須寄住校內，同時幷施以勞動教育和初等教育。一八七六年勞動學校中復又分出一種勞動日校(Day industrial school)，其大體上也和勞動學校差不多，授以勞動教育和初等教育，不過僅限於日間收容，這就是他們兩樣的地方了。後來又辦有一種怠惰生學校(Truant school)其中所收容的，乃是一種不肯進學校的十四歲以下的懶惰小學生。英國的感化教育實施機關，大體就

是上述這幾種。

英國感化學校的學生的額數，有一定的限制，即一校的收容量，至多男生不得過一百五十人，女生不得過五十人。而感化學校的收容量又比勞動學校小，因爲感化學校所收的學生，年齡稍長，管理較難的緣故。至他校不能收容的幼小學生，則均歸怠惰年學校收容。

英國感化學校的工作目標有四：第一是宗教教育，第二是初等普通教育，第三是勞動教育，第四是體育教育。宗教教授的目的，在陶冶不良少年的精神活動，除感化院院長外，並聘有牧師，以協同主掌宗教教育和道德教育。初等普通科學的教授，和小學校的普通教育大略相同，不過他的特色，乃是和勞動教育相結合，而含勞動教育於初等課程之中。至於勞動教授，乃是感化教育中所最認爲重要的一種訓練。如海軍水兵的養成，農工園藝等實業勞動的學習，都是屬於此類的。凡屬於感化教育的學校，對於音樂一層，都是很著重的，此外則對於圖畫也很注意，因爲音樂可以陶養性情，圖畫則可爲實業教授的基礎。又對於勤勞一層，則以養成少年對勞動上之興趣爲主，俾其不生厭倦，而養成其對於一般勞動上的道德。以上所講，只是對於男生而言，至於女生，則於一般科目外，更須習裁縫，烹飪，洗濯等等。

感化學校的任務有二，一爲避免外界的誘惑，使少年務必與之隔離，二爲養成勤勞的習慣。除此二項任務之外，其他學習事項，則以兒童自身之所希望者教學之。如他們歡喜去做那一種勞動，即指導他們去做那一種勞動，決不蔑視他們的個性，或加以勉強。至於校內所施的道德課程，則其目的不在授之以記憶的知識，而在直接由勞動上以養成其實行的習慣和德性。關於此點，英國教育家中不獨對於感化學校的主張是如此，就是對一般初等教育也抱有同樣的意見。

爲維持一般少年的康健起見，感化學校因設有種種的遊嬉，例如賽船，競走，遠足等，應有盡有，并獎勵自己製造玩具。入院時須受醫生的診斷。至一般的身體鍛鍊，則以普通體操行之。前爲敘述這種具體情形起見，更舉一二實例如次：

倫敦附近設有 Reformatory Farm School Rehill，此校係於一七八八年爲博愛協會（Philanthropic Society）之所創辦。至一八九九年止，該校出身的人達五千八百五十人以上。校址甚爲寬廣，適於農業實習。每年學生約三百人，分六十人爲一組，每組爲一家族，各家族設家長一人。住宅之外，有禮拜堂，大會場，工場，職員住宅等等。校長是一個牧師。學生每日分作二組，一組上講堂，一組在農場實習。無論何人對於農業知識，均須修了一科，而後再依各人的志願學習鑄鐵，製麵包，製靴，製衣等等實業。學校的管理精神，完全採用家庭管理的方法，著重感化，很少用科罰的地方。

該校出身的學生，在四年之內，仍須受學校的監督。據該校學生行動統計表，有百分之九三·〇七的學生，在社會上都很好，祗有百分之五·二八的學生受過再犯的處罰，且其所犯的大都爲竊盜罪，而結果不明的則僅占百分之一·六五六。

次之則為東倫敦勞動學校（East London Industrial School），該校學生係分作二部教授，一部分施行學校教育，還有一部則在工場勞動。學生總數為一百五十人。一教室又分為三組，每組有教師一人分別教授。其在工場中的，除教授圖畫外，則為裁縫，製靴，木工等實習。此外尚有園藝場及家畜飼養場。校中有音樂隊的組織，這種人出校後，多半是投效於軍隊中去作軍樂隊的。

學生的年齡，十歲至十二歲的為最多，十二歲至十四歲的次之，十歲以下最少。校中學生的優劣，用一種分數制（Mark systen）來作區別。因分數的多寡以表示其品性高下。共分四級：第一級在一個月中間一點壞事也沒有做過的，第二級是做過六分以下的壞事的，第三級是做過十三分以下的壞事的，第四級是做過十三分以上的壞事的。對於第一級的學生，一星期給他們每人兩個辨士，其中一辨士作貯蓄，一辨士可自由使用。對於第二級的，給一辨士半，一辨士作貯蓄，半辨士自由使用。對於第三級的，只給一辨士作為貯蓄。對於第四級的，則分文不與。

他們那種填分數的方法，也很有趣，即初犯和再犯不同，過失和特意亦有異。例如由怠慢所犯的過失，初犯為一分，再犯為二分，三犯則為四分，逐次加重。又如猥褻行為，初犯為十三分，再犯為二十四分，三犯則為三十二分。不順從的行為，初犯為一分，再犯為三分，三犯為四分。誑言的初犯為十三分，再犯為二十四分，三犯為三十二分。舉動不當的初犯爲七分，再犯爲十三分，三犯爲十六分。言語卑惡，則初犯爲十三分，再犯爲二十四分，三犯爲三十二分。怠惰的初犯爲四分，再犯爲八分，三犯爲十三分。不履行義務的初犯爲一分，再犯爲三分，三犯爲六分。不潔及不整的初犯爲四分，再犯爲八分，三犯爲十二分等是。我們於此不獨可以見到再犯罪應加重，就是不好行爲的本身其性質亦有輕重之別。由此觀之，英國人對於道德觀念的區別是如何的著重也可以概見了。又如對於猥褻誑言及言語卑惡，其處罰是如何的重，由此也可以見到英國社會道德的一般。

他們又把成績好的集在一塊，組成一班，名爲曲老洛班（Truro class）此班中人，係由十三歲以上在校二年以上成績優良的學生中間選出來的，名額爲三十人。獲選的每星期除上述規定之外更獎給一辨士。倘做有一點壞事，即立刻除名。

我們看到這個學校的種種辦法，可知他們不獨對於感化的方法是非常有研究，即學生出校之際，還可以得到一大批的儲金和獎品，這種的精神，眞可謂處處顧到，誠不愧爲感化教育的模範了。

以上所舉的實例，不過英國感化教育的一斑，但其餘各校的辦法，也都大同小異，且限於篇幅，於此如不贅述。

## 四　美國的感化教育

少年犯罪問題的研究，以美國爲最發達。這也因爲美國的情形特殊，對於這種問題有研究的必要的緣故。蓋美國人種複雜，來自各地的移民都有，其中昔日則有多數的愛爾蘭人移住，今日則有不少的意大利人小亞細亞人移住，人數既夥，自然不免有良莠不齊的事情發生，故貧民教育一層在美國已經早早成爲一個極可注意的問題。移民貧富懸殊，其教育程度的相差也自然很遠，於是不良少年的問題也跟着起來了，感化教育的研究，即係應此種的必要而發生的。

美國對於貧民教育極爲注意，如其子弟有不良的行爲發生，則責成其父兄。初則加以勸導，若再不聽，乃與以法律上的懲處。凡莠民較多的街市，且特別爲之設有觀察使以監督兒童的行動。監察使在每日早晨即往該地的各小學校，詳細調查兒童的名冊，把缺席兒童的姓名，一一記載下來，隨往其家庭，詢問其所以缺席的理由，如果發見有不良的少年，馬上就把他帶到少年裁判所，聽候發落。少年裁判所的性質和普通審判機關完全不同，不良少年送到的時候，審判官以極溫和之言辭加以勸導，情形較重的，或加以呵責，俾其改過自新。

紐約的少年裁判所，和當地的教育局聯絡上頗爲密切。中設吏屬六十八人，其中十人掌管中學校的事務，其餘的人則都爲小學校部分的。此外，對於夜學校也有十個人專管。少年裁判所在審訊的時候，概不公開。該少年如果經裁判所長認爲其行動不良，則即送往怠惰生學校訓練，這個意思便是要這少年和他那不好的家庭或環境相隔離。此外還有保護院（School for dependents），散佈學校（scattered school），和感化院。散佈學校和感化院，性質上無大差別。感化院對於體操一科，異常嚴格，須穿一定的服裝，體操中有兵式體操，啞鈴體操，徒手體操等等。

關於賞罰的問題，體罰一層表面雖說已不採用，但事實上仍舊還是有的。還有所謂食罰，如學生犯有過錯，祇准他吃少許的水和麵包。又有所謂暗室，把犯過的人禁閉在裏邊。至於賞，則有徽章的獎勵，和在校的年限縮短等數種。

感化學校中又有所謂家庭制度者，美國採用此種制度的學校，以芝加哥的家庭學校（Parental school）爲最有名，而且辦理的成績也很不錯。這種制度，便是學校中各室，均自成一家庭，內有主人主婦各一人，主人常以監督敎員充之，而以家庭組織的方法，來感化不良少年。

收容之時，須舉行身體檢查。此外，對於這少年的家族，生長地，境遇，生活狀況，拘禁的次數，罪狀，審判者的姓名，其所嗜好的遊嬉，欲望，習癖，壞朋友，壞朋友中的首領，集合的場所等等，均須加以精密的調查。并製定身體檢查表，以時時記載他們的身體狀態。學校所敎授的東西，以關於實業方面的學科爲主。這個意思，並非是要憑借此養成他們的職業敎育，乃是要想藉此以啓發他們的思想，養成他們愛勞動守秩序的習慣，陶融他們淸潔整齊緻密嚴正的美德。他們從這個地方出來之後，固然也可以由勞動而立身，如或爲工匠，或開靴鋪，或從事於農業，或從事於畜牧，或從事於園藝，但最少的限度，在社會上也可以做一個好人。

美國感化學校中最有名的，便是喬治少年共和國（George Junior Republic）校址在紐約附近的Freeville為威廉喬治所創辦。最初的時候，祇是喬治帶了三十個紐約的貧民在該處過夏，并教導他們呼吸新鮮空氣，至一八九一年乃擴大組織，有二百名兒童，大家張着天幕來該處度暑。其後，每年都有一百五十名至二百名左右的貧民兒童隨着他在一塊，此即所謂夏期移民是。至一八九七年，竟有好些兒童不願意歸家，遂留在那兒勞動。但是起初還是失敗了，因為許多兒童中間，只有一個兒童有了一點點兒貯蓄，做了一件上衣，其他的兒童都是做不了什麼工作。喬治仍不灰心，努力指導，於是各個兒童都漸漸會做工了。他的主義，便是以自己勞動所得的報酬來度生活，不獨是衣服，就是其他一切的東西，也是要用自己的勞力去換來的，藉此以養成兒童獨立謀生的精神。以上所述，便是喬治少年共和國創辦時的經過情形。

但是這許多少年之中，自不免有若干不良的分子在內，如果僅靠道德上的制裁，當然是一件很困難的事情，并並縱使科之以罰，也沒有什麼效果。於是想出一個特別裁判所的辦法，叫他的助手充當審判長，而選擇學生中間優良分子若干人來充當陪審員，所有判決，俱以會議制行之。審判長因病或其他事故不能出席時，則由陪審員代理其職務。自採用這種辦法後，結果甚為良好，因為學生自己做陪審員，對於犯罪少年的內情極易探悉，無所隱藏，故所下的判決，也很適當，并且處分也特別來得嚴重。這樣的下去，自一八九八年至一八九九年，他們更選出六十名左右的共和國市民，翌年增加為八十九人，嗣後各方面的設備，復逐漸補充，而喬治少年共和國的雛形，亦於是粗備。

該共和國市民的資格，爲十二歲以上十八歲未滿者，然間亦有二十歲至二十一歲者，但爲例外，要以十八歲未滿者占大多數。十二歲未滿者則無此資格，因爲年歲過小，判斷力尙弱，還够不上做市民的緣故。學生的全部都是從惡家庭中間出來的，有好些學生的父母是判罪監中的，就是學生中也有好些是犯過罪的。

該共和國所需的費用，其中一部分是由學生的勞動中間所得來的，但爲數極少，其餘的則大部分由George Republic association這樣一個團體所籌集的，另外，則係由各方面所捐助的。

他們所做的工作，一半爲家庭的事務，如洗濯，縫紉，烹飪等，一半爲其他的事務，如做靴，理髮，製書，木工，農業等。每樣工作都有一個教師在那兒指導着。市民在十六歲以前，必須入校，教授時間，上午十時至十二時，下午一時至三時，教員資格以小學校畢業的程度爲準。還設得有一種高等學校，叫做Publishing House，成績較優的學生，便可以入這個學校。該共和國內設有圖書館，月刊社，雜誌社，種種運動遊戲的團體，音樂隊等。他如郵政局，銀行，勸業場，政府，議會等，也無不應有盡有。教育的方面，則務取新穎，一切教育上的設施，亦均時時改善，不遺餘力，直至現在，已成爲世界上一個最有名的感化教育機關了。

美國的感化教育，因必要上關係，較他國爲發達，已如前述。上面所舉的，不過其一二實例，茲以限於篇幅，餘概從略。

## 五　日本的感化教育

日本的感化教育，雖遠不如歐美的發達，但因年來不良少年的增加，一般教育家也感覺到有極力提倡感化教育的必要，於是這種的事業也漸漸興盛起來了。茲請舉一例，以爲日本感化教育的代表。

日本東京有一所井之頭學校，在教育行政的系統上言，是隸屬於東京養育院的感化部的。該校成立於明治三十年，基本金爲一萬九千八百十五元。據明治四十三年的調查，該校學生爲一百二十一名，其中尋常小學一年級程度的有十五名，二年級的有二十五名，三年級的二十名，四年級的二十二名，五年級的二十一名，六年級的十二名，高小一年級的二名，在其他學校通學的二名。

學生的年齡，規定爲八歲至十八歲，但實際上最多者爲十四歲至十五歲的。照原則上講，凡是區役所發見得有不良少年，即可送往該校，但實際上仍以警察所送來的爲最多，經檢事局移送過來的也還不少。收容之際，先須受體格檢查，并考查其過去的學歷，而後再入相當的學級。學生共分二組，即午前授學科午後授實科者爲一組，午前授實科午後授學科者又爲一組。學科實科每日均爲三小時。授課時間外，更須作洒掃等工作約三小時。夜間則有夜校。訓育方面，則爲舍監的訓話，教育幻燈，名人傳記的講述等等。

講授學科的時候，其設備和組織，與他種學校亦無有差異。學生全部在校寄宿，一宿舍約可收留十人。此外并設有實習工場園藝場農場等等。該校的教育方針，對於學科並不十分著重，對於實科則甚爲注意。感化的方法，是就學生整個的實際生活來設計的。其中成績較良者，也許他們在別校走讀。還有一種叫作「委托生」的，便是一方在木工鐵工及其職業中去學徒弟的。至於校內的實科，則有農科工科等等，可由學生自己的志望和性質去選學一種。

這個學校，到現在，成績已辦得很好了。其他，日本關於感化教育的事業，尚還很多，茲不過舉其一端以概其餘罷了，但讀者亦可由此見近代各國對於感化教育是如何注意了。

# 第三章　道德教育與犯罪問題

## 一　原始的犯罪

道德和法律二者，都是維持社會安寧和保障人間幸福所不可缺的一種共守的軌範。若從道德教育的目的言，則道德的陶冶也可以說是犯罪的一種預防，亦即「刑期於無刑」的意思。惟二者亦有不同之點，即道德雖有具體的條件，但無具體的制裁，法律則不然，既有具體的條件，又有具體的制裁。因爲如此，所以二者間就不免有多少的懸隔發生出來了。即法律須以制定施行而後發生效力，倘遇有新事件出來的時候，在道德上所不許的，在法律上當然也應有一種相當的制裁才是，然事實上則每因法律的規定不完全，而無法加之以罰。例如電氣的思想還沒十分發達的時候所制定的法律，對於電力竊盜事件，宜適用何項法規處罰，就不免要發生問題了，若就道德上言則即可斷定其爲惡行，縱有善辯者，亦不能強爲之諱。是以道德法律二者雖同爲社會意志的表示，其制裁的範圍，則往往可以有很大的出入。

犯罪有自然犯罪和、人爲犯罪二種。怎樣叫做自然犯罪呢？據茄洛發洛（R. Garofalo）的分類，則爲違反社會性的行爲和違反本性的行爲二者，即一爲無惻隱之心，二爲無誠實之念。是這種的行爲，不論在那一個社會，不論在那一個時代，都是認爲犯罪的。如殺人竊盜強姦等等行爲，不論在那個社會那個時代，都是認爲有害於人類的生存安寧幸福及繁榮的。這種行爲既悖本性，又有反於人類的社會生活，所以有些學者又稱這種犯罪的人爲道德的色盲者。

怎樣叫做人爲的犯罪呢？因社會之不同，有這個社會認爲犯罪而那個社會不認爲犯罪的；因時代之不同，有說個時代認爲犯罪而那個時代不認爲犯罪的。這種情形的犯罪，茄氏稱之爲人爲犯罪。然而其中也有因社會或時代的進步而增加或減少犯罪之種類的，也有因違反當時的威權者或時代的社會意志而構成其罪案的，後者如政治犯等，即其一例。

社會意志的表現，其一面是道德，而他面則是法律，所以違反社會意志，不受法律的制裁，便須受道德的制裁。然而這種的制裁，不特文明的人類才有這種現象，即下等動物之間，也有類似的表現，這眞是一件很有趣味而值得我們注意的事情。

一個體對於他個體加以危害之時，被害者爲保持自己的生存起見，或行反抗，或行走避，這固是動物自然的本性。然如營團體生活的動物，一個體的活動如果是違反那團體的一般傾向的時候，則團體對於此個體也每有一種報復的行動。從外表看來，也好像是一種制裁一樣，其實不過是一種反射的活動，我們對於動物界這種類似刑罰的現象，可稱曰原始的犯罪。

例如蜜蜂，其中有一種工蜂是專負食料蒐集之勞的，如果沒有得到食料而回巢的時候，守門的蜂子一定要把牠驅逐出去。又如蟻，其中也有一種蟻有如奴隸，如工作不勤，往往要被他蟻咬死。

這還是一種最下等的動物，再高等一點的動物，則此種事象更多。據動物學者的報告，謂貓屬一類的動物，在團體生活之時，極多類似刑罰的事實。又如象羣，其中一定有幾個象是充守衞之職的，一遇外敵，牠便會發特殊的鳴聲，以警報其羣。然而牠們中間如果有一隻象是很不好的，而且爲同類所共惡的，若牠遇到了危險，則別的象決不發出聲音來警告牠。此外，還有一種類人猿，其程度殆與未開化的蠻人相似，而爲一種部落的生活或原始家族的生活，相互之間，儼然設有刑罰，且一雄一雌，配偶甚嚴，倘有濫與他雌交接之事，則必羣起而攻之。

復讎一事，爲高等動物中數見不鮮之現象，究其原因，要亦不外爲自己防衞和對於迫害者的排除的一種自己保存的本能而已，這種情形，一到團體生活，便成爲團體的復讎，社會學者常稱這種現象爲社會的反動。我們的社會對於犯罪者的制裁和刑罰，也就是這種社會的反動的進步。上述動物界的那種類似刑罰的現象，要不過爲原始犯罰的表露，所以我們特稱之爲原始的犯罪。

至於人類，不問他是那一個種族，沒有不是營團體生活的，不過因文明程度的高低，其生活方式有簡單複雜之別罷了。所以個人之間，如果有違反團體的意志或希望的行爲時，其團體對於此人也看作和別個團體的侵害者一樣而加以報復，此即所謂制裁或刑罰，也就是上述社會的反動的表現。

但未開化的種族，其對於刑罰，往往是出於復讎的或報復的思想，且有時完全出於反射的行爲。刑罰的施行，固亦因種族部落的不同而異，然對於有危害於團體生活的行爲，則必加罰，此實各種族部落間共通之目的。上述茄路發洛所舉的自然犯罪，如殺人，竊盜，強姦等，不論什麼社會都得受罰，也就是這個道理。惟野蠻社會的見解，却有與文明社會迥異之處，如有時對於自己的部落須處以極刑的行爲，在別個部落犯了，自己部落的人反予以承認，甚或加以賞讚。例如范尼克（Vanicek）氏從言語學上的研究，謂海賊（Pirate）的語源，在希臘文叫做 Peira，本爲冒險敢行之義，蓋希臘古代，即視海賊的活動爲一種高尚的執業。又如蒲爾登（Bourtan）氏的研究，謂東非洲的巴朗汀族，對於掠奪自己種族的物品之人固須處以死罪，若係掠奪他種族，則大爲獎勵，且選拔這種掠奪手段高明的人來教導兒童。又據斯諾（Snow）氏的研究，謂拔打苦尼亞人的習慣，如一個人沒有掠奪到他部落的東西過的，則不能有妻子。這種的事實，恰如我們的社會在漁獵之際，以獲物多者爲榮的情形，毫無二致。

我們普通認爲犯罪的事情，往往有在特殊條件之下，却反予以承認的。其實例也頗不少，如竊盜之事，固非有相當的知能不可，古代斯巴達人即以此爲國民教育的一種手段，若爲竊盜因愚笨而被捕，則須受罰。又古代加賽基人常選取很好的兒童，投諸火中，以爲祭神之用。又如勃西門和花乔冬冬等種族，竟以殺害嬰兒爲調節人口的一種方法。此外還有一個極有趣味的例子，便是古代埃及不獨承認竊盜是一個正當的職業，而且把這種人的所行登記於公家的簿錄中，令被害者與加害者以相當的賠償，而後將贓物取還。他們這種的思想和辦法，自今日視之，眞也可算得古怪的了。

在文明社會認爲犯罪的行爲，如上述各蠻人和未開化民族間，則有全然承認的，也有在某種條件下認可的。此種現象，自今日視之，固覺可異，但仔細想來，他們也還是出於保全自己社會的動機。至若有害於自己團體的，則亦必加以制裁。故未開化民族的犯罪和文明社會較，不過程度上的不同，其承認社會意志之處，實與文明社會無大差異，祇是屬於一種原始的形式犯罪罷了。

## 二 文明社會的犯罪

據上節所述，可知自下等動物以至未開化的民族之間，祇要是營團體生活的，都有犯罪現象的存在。然而文明社會的又是怎麽樣呢?據近來一般學者的研究,可爲二方面的觀察,即一是遺傳的方面,二是偶發的方面是。前者以隔代遺傳及近親遺傳等爲主,後者以環境的關係和社會的關係等爲主。不過這種的研究,和前述有點不同,即此處係以個體一生發達之跡爲研究之出發點。近代學者間,尤其是對於兒童日常的活動和犯罪的關係一層非常注意。至若不良兒童及青年犯罪,於本編第二章已略有所述,茲請再從犯罪方面將此項問題一爲敍述。

(一)兒童的不良行爲　教育學者和兒童心理學者,往往把兒童比作未開化人,而以此爲其一生發達之基點,更由是以研究其漸次進步以至於成人之過程,作爲個體之系統的發生。

兒童對於以成人者爲中堅所組織的社會生活,尚期能十分適應而與之同化,所以他們的生活,全爲一種赤裸裸的素朴的狀態,和未開化人沒有染到過一點文化的情形,毫無二致,故兒童期的精神生活,亦恰如未開化人的精神生活一樣。據犯罪心理學大家郎勃魯沙(Lombroso)的研究,謂兒童縱係生長於文明社會之中,也依然和未開化人一樣具有犯罪性的本能,尤其是沒有受過道德教育的薰陶的兒童,此種現象更爲顯著。如憤怒,謊語,殘忍,無節制,虛榮心,自私心,淫猥的傾向,以及對於酒精服用的性癖等等,都是兒童生來即具有的傾向。

愛利斯(Havelock Elis)氏亦謂性情偏僻,厭惡家庭的拘束,謊語,狡猾,不良的色情表現,以及對於動物及友朋的殘忍行爲等，是兒童犯罪早熟的一種發露。倘無教育的影響，兒童雖不至於全部都成爲犯罪者，但此種傾向，在兒童則爲普通的性質。他如裴因（Bain）莫洛（Moreau）潘萊（Pérez）等，亦均主張兒童富有犯罪的危險性，故彼等特於此點多所研究。

上述論者，悉認惡性的存在爲兒童進化中途不可避免的一種狀態。然亦有持異議者，如馬尼痕（Magnan）氏則謂惡性非兒童之常態，乃其變態。又屠坦爾（Dortel）氏謂犯罪者固具有兒童之某種特性，但兒童則絕未具有犯罪者之何種性質。又塔特（Tarde）氏謂兒童雖有利己的惡性，但其反面尚有溫和寬大淸白等美點云云。

除上述本性的觀察之外，學者間對於兒童犯罪的原因，尙有很多的意見。如拔爾（Baer）氏謂兒童惡性的原因有二：一爲社會的原因，一爲病理的原因。又如邈白倫（Chamberlain）氏亦謂兒童不良性的由來有二，一由都會生活而來，一由模倣而來。申言之，前者的原因，首因都會的生存競爭劇烈，次因都會中精神易於動搖，再次爲補助家計起見，不得已而勞動，凡此等等，皆足以使兒童發生思想早熟，狡猾，敏捷，感情壓迫等精神上的不良。後者則爲一般環境影響的結果。又如麗斯（Earl Barnes）氏謂我們常見兒童所做的那種惡意的破壞，謊語，竊盜，飲酒，色情等事，多半不是生於遺傳，而是屬於環境的關係。如或因父母的放縱，或因居住的不良，或因食料的不足，或因其他貧困的條件，都是他們所以犯罪的主因。蓋兒童自然的精神力常常容易過剩，壓而不發，一遇機會，馬上就會把他們引到不規則的路上去了。

要之學者間對於兒童犯罪的起因，其說不出下列二種，即一，先天的發生說，二，後天的發生說是。而後天的發生說中最爲人所注意的一個條件，就是文明社會生活的裏面的不健全，因爲文明一方固可促進人們社交性道德性的發達，他方亦易使人陷入偏僻不健全的傾向。況今日所謂文明社會的生活，決非人人都能得到圓滿的健全生活，尤其是在發達中途的兒童，社會愈文明，不良影響的機會益多。今日都市的兒童問題之所以成爲社會問題中的一個最爲人所注意的事情，也就爲此。所謂文明生活，本應使人們的社交性道德性提高才是，但事實上往往生出相反的結果，只消看到不良兒童的行爲，便可以看到文明裏面所含的矛盾性如何了。

兒童生活，在組織複雜的文明社會中，其危險性甚多，既如上述，惟一般對於兒童行爲的制裁，大體上都是採用從寬的辦法，不達一定年齡，且不叫他負法律上的責任。不過社會方面對於此種事情如不特別加以注意，將來的影響殊非淺鮮。關於這種的研究，各國均很多，至實際上的救濟方法，上邊第二章已經講過了，茲不贅述。

(二)文明社會與犯罪的發生　所謂文明社會的生活，和人類自然生活相矛盾的地方實在很多，且因生存競爭劇烈的關係，在這種不規則的易變的緊張生活之下，好些人都變成了一種精神異常者，從而文明程度愈高，犯罪的總數亦愈益增加，這眞是近代社會不可掩飾的一個事實。惟其如此，所以我們對於這些因文明生活而增加的精神異常者，即生存競爭劣敗者的待遇問題，自不能視同普通的犯罪，或律之以尋常的道德標準了。

在病理的異常者中尤以精神病及神經病者，其犯罪的發生爲最顯著，道德上法律上對於這種人的行爲責任雖可輕減，然社會所受之危害却較任何方面爲甚。在此複雜的文明生活中由於身心過勞的結果各國精神異常者之數日見增加，這眞是一種可憂慮的傾向。

次之在研究文明社會的犯罪所不可不注意的，就是文明社會生活和未開化社會生活的比較。此二者，形式內容雙方都有不同，加之又有好些文明社會的新事實是未開化社會之所無的。所謂犯罪雖同是違反社會的意志然而社會意志的範圍和程度因文明的進步而擴張，所以違反行爲的性質，也自不同。卽第一，在未開化社會什麼制裁也不要受的行爲，到文明社會則須受嚴重的處罰，由於這種事實，法律乃大有繁簡之分。第二，有好些新的犯罪，不在文明社會是決不能發生的。此種以文明爲犯罪之發生的條件的主要事情，要有下列數種：

交通機關如火車輪船，電車，汽車，脚踏車，飛行機，潛行艇等，都是現代才始發達的。這種東西一方面固可給我們生活上以很大的便利，但他面也因此而增加了不少犯罪的事情。

通信機關如郵政電報電話無線電報等，也是現代才始發達的。關於惡意利用這種東西的犯罪，也決非未開化社會所能有的。

又如印刷術的進步，新聞紙及其他通俗印刷物的發達，其影響於社會人心者至巨，如每日報紙上所登載的犯罪事情，常能因此而引起讀者模倣的動機。歐西貴婦人之所以不讀社會新聞一欄，或者也就是爲了這個緣故。

由於工商業發達人口集中於都市的關係，犯罪的機會旣多，而模倣與流行等情事，亦隨之以生。如羣衆的犯罪以及同盟罷工等等，也多是發生於都市。此種的犯罪，誠不可謂非近代工商業發達的都市之一大特徵。又如不正當的商品之製造和販賣，起居服裝的奢華和流行，在在都可以引起人們不良的動機。即如商店之陳列窗，亦可謂之爲誨藏誨盜之源。以上所舉的這種犯罪，在古代很少發生，所以我們要解決此種問題，就非從都市人口，以及工商業的發達關係，作爲着眼點不可。

其他如電影以及誨淫誨盜之各種惡劣小說，也和少年或青年的犯罪，有密接的關係。這都是我們講道德教育的人所不可不注意的事情。

此外，我們還有一件不可忽視的，便是知能的發達和犯罪的關係。蓋一方由於學術的進步，各種知識日益專門化，因過於專門化的結果，其專門之點固可超出常人，但於他種知識則未必能平均發達，且其情意的活動和修養，亦易有缺點，從而惡用知能，其知能之優秀適足以爲其犯罪之助。然他方亦因特殊研究之結果，對於法律上之供獻與發達，頗爲重大，如犯罪採證學，犯罪心理學等等，都不可以不說是學術專門化的成果。

(三)文化的發達和欲望的增進　文化的發達和欲望的增進，二者恆互爲條件，即文化程度抬高，欲望的程度亦隨之而昂進，在昔日樸素的社會人們所不敢夢想的欲望，今則成爲普通的要求了，昔人未嘗認爲不滿的生活，今人嘗之便以爲苦痛了。不寧唯是，且因文化之進展，種種複雜的特殊的欲望亦隨之而起。

由於生存競爭的劇烈和生活欲求的擴大，一般人的精神上和肉體上都陷於疲勞衰弱之形，以致非神經過敏，即感覺麻木，從而對於興趣的刺激，亦愈趨尖銳。各種事業家爲迎合人們這種的心理起見，對於材料的設施與提供，也都向着此種方面進攻，否則便不能滿足人們的欲望，引起人們的興趣。然而很多的不良行爲和不正的營業，即係由此而生。

據上述各點，可知文明社會與未開化之社會，一般人們的犯罪在發生的條件上即根本有異，所以我們決不能引程度低的犯罪的心理，來解釋文明社會所發生的犯罪事象。即社會的組織和知能的程度，實爲人們一切行爲所由發生的基礎條件。我們要想預防犯罪或提倡道德，首應將此種條件，細加研究，否則決不能得到若何之妥適辦法。

## 三　教育與犯罪

自廣義言，凡關於身心訓練教化之一切情事，都可以包括在教育之內，分言之，則爲家庭教育，社會教育，學校教育三者。人類生活的大部，要不能出家庭與社會的範圍，至於學校，則爲時較短，所以學校的訓練，祇是一種狹義的教育。不過我們研究教育與犯罪的關係，如以廣義的教育爲言，其程度標準頗不易定，而材料亦不易蒐集，爲方便起見，祇好暫以學校教育爲統計的基礎，至家庭社會方面，則亦可由此以推知其大概。

以學校的高下爲知能有無的標準，更從犯罪行爲之需要知能與否，從此種情形以定教育與罪質關係，這就是此處所欲討論的要點。

據日本犯罪心理學專家寺田精一的研究，得統計如下：

大正二年度刑事統計年表所載，刑事犯計十一萬零四百二十三人。其中除教育程度不明者二千五百七十六人外，可分爲：一、曾受高等教育者，二、曾受中等教育者，三、曾受初等教育者，四、略能識字者，五、全不識字者等五種。其中程度最低而又占數最多者爲盜竊罪，曾受高等教育者之中則以犯文書僞造罪者爲最多，瀆職，有價證劵僞造，恐嚇，侵占詐欺等罪次之。若僅就曾受中等以上教育之犯罪者以爲比較，則於盜竊罪二萬四千五百人中占一百七十人，即占〇・七%，於文書僞造罪一千一百零三人中占一百零二人，即占九・二%，於瀆職罪三百八十八人中占二十九人，即占七・六%，於有價證劵僞造罪二百五十三人中占十九人，即占七・五%，於恐嚇罪七百三十三人中占二十八人，即占三・八%，於侵占罪二千八百八十六人中占八十九人，即占三%，於詐欺取財罪九千二百四十九人中占二百三十七人，即占二・五%。

又自明治四十二年至大正二年之受刑事處分者之教育程度，其比例如下表：

| 年份＼教育程度 | 曾受高等教育者 | 曾受中等教育者 | 曾受初等教育者 | 未受初等教育者 | 全不識字者 | 合計 |
|---|---|---|---|---|---|---|
| 明治四二年 | ○・○九 | 一・○一 | 一五・五五 | 四七・七八 | 三五・五七 | 一○○・○○ |
| 四三年 | ○・○八 | 一・○一 | 一三・七○ | 五三・六五 | 三一・五六 | 一○○・○○ |
| 四四年 | ○・○八 | 一・○六 | 一四・四六 | 五五・五五 | 二八・八五 | 一○○・○○ |
| 大正　元年 | ○・二○ | 一・二九 | 一四・二○ | 五八・七七 | 二五・五四 | 一○○・○○ |
| 二年 | ○・○九 | 二・五二 | 三六・二六 | 四○・九五 | 二○・一八 | 一○○・○ |

上表中不識字的犯罪者人數逐年減少，乃是因爲初等教育漸次普及的緣故，而初等教育及中等教育人數的增加，則可爲特殊犯罪者增加的明證，教育和犯罪的關係，也可由此以見一斑。

犯罪者中總以未受教育的人占大多數，其原因也有種種。烏爾芬氏謂此種人根本上卽爲先天的無精力者，卽生性怠惰，不耐於精密的作業，其結果自然而然和學校相遠了。又酒精中毒亦爲其中原因之一，蓋具有此種素質或傾向之人，其注意力常常是散漫的，感情也非常容易動搖，因爲如此，所以他的行動每每爲剎那間的刺戟所支配，決不能做任何有統系的工作，縱使勉強工作，也不會有什麽成功。這種人在兒童時期，對於學校生活卽不感受興趣，或常常告假，或中途輟學，是以教育上的無能力者卽缺乏學習能力者和犯罪性的關係，是非常密切的。

重大的犯罪，常以具有知能的人爲多，此種犯罪，不獨影響於道德者至巨，即社會上所受的危害程度也較別的來得大，決非無知無識之小偷可比，例如大公司大商店之負責人，如發生有不正當的行爲，受其害者動輒爲數千萬人，大者且可影響全國。不過此種犯罪者中由於上述酒精中毒的原因者亦數見不鮮，蓋一般企業家於計畫其事業或與人交接往往在杯酒酬酢之間行之，因一時之酩酊或偶然之興奮就可做出不妥當的行爲或計畫來了。

還有一種原因，就是具知能的人，一方面對於某種專門技能是非常的發達，其他方面則甚多缺陷，知能既有所偏而不能平均發展，自然行爲也容易陷於錯誤。

如今日人浮於事之一般社會，知識階級的失業也實在是構成知能犯罪者的一個重大原因。這種關係，不僅是知識階級，而且無知識者的失業，其危險爲尤甚，所以失業和犯罪，實在是當今一般社會一個重大問題。

還有一種就是一時感情的異常，也可以構成犯罪的行爲，此種情形，在無知識者姑無論，就是具有相當知能的人，也在所不免。蓋關於一時感情與奮的犯罪，與其人之有無知識，殆無關係，很多極聰明的人往往會有極愚的犯罪行爲，也就爲此。

## 四　道德與犯罪

怎樣才是道德，怎樣才是犯罪，不獨可因民族的不同或時代的不同而異其義，就是同在一民族一時代之中，標準也往往不能一致。所謂「竊鉤者誅竊國者侯」，以成敗計是非實在是社會上最不平的一件事情。不寧惟是，就是從來被人們所崇拜的英雄如拿破崙威廉第二等，近來也有人認他們爲一種精神異狀的誇大狂病者，又如所謂名士之流大多性氣乖張，將他們當作一種神經病者看待，也未始不可。由此觀之，怎樣的行爲是道德，怎樣的行爲是犯罪，界限是不易定的。

此處還有一種情形爲我們研究道德教育的人所不可不注意的，便是有好些犯罪，在道德的見地上講，往往須承認其爲正當的行爲，縱不然，最少也須承認他們的動機是正當的。例如發乎愛國之至情的國事犯，或出於愛鄉土的動機所犯之對於地方官吏的抵抗罪等均是。此外，如聖賢豪俠以及英雄傑出之士，乃至於思想家或發明家，其行爲言論往往超出當世，不合時流，或觸當道之忌，或爲流俗所惡，而被人認爲犯罪。犯罪的標準和道德的正義之不一致，古往今來也不知屈死了多少的英雄志士。然他方也可因此種犯罪者的增加，使社會上發生了重大的事變，如革命事件之勃發，多半是出於此種的動力。故此種所謂犯罪，社會制度反可因之而改良，道德標準反可因之而提高。所以我們也可以說所謂犯罪，在道德的正義上講，不見得全然都是壞的事情。

至將一般道德性具有異狀之人，悉歸入瘋狂一類的病症看待，此種思想其由來已久。在一六五六年時，阿勃克洛俾（Thomas Abercromby）氏即已主張道德意識的缺陷爲一種病態。在一八一八年時，格洛門（Grohmann）氏則謂道德上具有缺點的人，其身體上的器官必有某部分是不健全的，所以他特別給這種人以一個名稱叫做悖德狂（Moral insaine）。其後，卜利加特（Prichard）氏更加以科學的研究，於一八三五年著有狂者論（Treatise on Insanity），認悖德狂爲精神障礙病之一。這種悖德狂者，並不是認識上的思考力或判斷力有什麼缺陷，也不像普通精神病患者一樣容易發生幻覺或錯覺，祇是他們的感情，心境，性向，習慣，道德的努力與衝動等和健全的人不同，顯有病的徵狀，其結果遂至影響於行爲。自卜氏如此主張以來，頗惹起很多學者的注意，如莫慈來（Maudsley）霍夫曼（Hoffmann）等則以視覺上之色盲爲譬，以爲患色盲的人對於色彩的正確的差別是分辨不出來的，同樣，悖德狂的人因爲缺乏道德意識及道德感情，所以他們對於行爲的是非，也是分辨不出來的。

不過今日一般的見解，多不承認悖德狂爲一種特殊的疾病，且以爲此種人決非僅在道德方面具有缺陷，其身心之一般，亦必與常人有異，復加以其他種種原因，於是其表現於行爲者，遂與常人大相徑庭，要之，在此種人，同情，憐憫，羞恥，責任等意識，皆未健全發達云云。

然而我們在某種方面言，也可以說不論何人，都是一種潛在的犯罪者，因爲誰也不能保證他在任何情形之下，都是絕對不會犯罪的。準此以觀，可知不良行爲不僅是悖德狂的人有之，就是常人亦在所不免。反之，悖德狂的人的其他的行爲，也不見得和常人全然都是兩樣。

## 五　環境遺傳與犯罪

道德的感情得因環境的情形而異，犯罪的標準，亦可因社會的關係而殊。然此所謂環境，亦有社會的與自然的二者之別。

(1)社會的環境，如風俗，習慣，以及文化程度的高下，民族種族的關係等等皆屬之。

(2)自然的環境，如氣候，地理等關係皆屬之。

自氣候言，則如氣候與作業能率，氣候與死亡率，氣候與自殺，温度與犯罪，氣壓與犯罪等等，近代學者於此，皆有種種精密之統計與研究。

自地理言，則如寒熱溫三帶之位置不同，高山原野之形勢不同，河流川澤之交通不同，漁獵農畜之生產不同，以及米麥疏菜牛羊犬豕之食物不同等等，皆與道德及犯罪有密切的關係。

至於遺傳的關係，則自達爾文之種源論公布以來，學者間對於遺傳方面的研究，大有一日千里之勢。今日最通行之遺傳學說，則有隔代遺傳與接近遺傳二者，而接近遺傳說中又分爲直系遺傳與傍系遺傳二種。要之，彼等皆以生物學爲其立說之根據，且有種種的統計，以說明一般犯罪現象和遺傳的關係。此方面的著名學者，如西加脫（Sichart）瑪洛（Marro）明太（Penta）尾奇利粵（Virgilio）但沙洛（de Sarlo）反來（Féré）

但斯賓（Despire）等均是。

此外，犯罪和年齡也有密切的關係，這也和道德意識的發達程序一樣，必須到相當的年齡，然後有此種問題發生。并且法律上有所謂責任年齡，未達此年齡，行爲雖不當，或減免其罪罰或採用他種方法（如不良少年之取締）以補救之。

以上各點，或僅舉其名稱，或僅說其大意，都是因爲篇幅不敷的緣故，無法可以詳述，尙希讀者諒之。

# 第四章　道德教育與性慾教育問題

## 一　性慾教育的意義

性慾教育的問題在近代教育潮流上頗佔重要的位置，但也是一個不容易講的問題。在往昔，關於這種事情，是取一種秘密的態度的，做父兄或做先生的，只要一涉及此種文字，便認爲穢褻，避之唯恐不遑。到現代，因爲心理生理等科學研究的進步，和教育思潮的轉變，一般教育家都知道這個問題在教育上是如何的重要了，於是性慾教育幾個字頓成爲專名，而關於性的知識，亦遂由秘密而傾向於公開的態度了。

這個問題何以又不容易講呢？因爲這件事不獨在訓育上發生種種困難，即敎學上也有種種的困難。有好些人主張這種知識最好是由父母敎的，也有人主張委託醫生的，也有人主張在生理學科目中敎授的。對於教學一點，固已有各種的主張，而對於訓育管理一事，在學校方面尤感困難，無論是怎樣的嚴行防備，總是無法可以澈底的。最難的是中等學校的學生，因爲他們剛剛在性慾發動的年齡，衝動力異常的強，倘指導上和管理上一不得法，一則於個人身體上將發生不良的結果，一則於校風上亦極易受其不好的影響。因有上述的種種關係，各級學校男女同學的問題也發生了爭議，有許多人主張最少限度在中等學校是不應該男女同學的。我們若從生理的關係來研究到這個問題，認爲此種主張亦不無相當的理由。

性慾與人生有不可離的關係，且爲人性中間一種最強的本能，其支配力之大，自毋待言。在道德上，在社會風俗上，凡關於性慾的行爲都是非常注意的。人類除衣食住三者之外，最大的問題恐怕就要算性慾了。

## 二 性慾與不良行爲的關係

我們要想研究性慾的問題，首先就應該從種種方面作一個大體的觀察，而後再由這種觀察的結果來決定我們在教育上應持的態度。然性慾的表現亦有正常與異常二種，其所以易陷於不德的行爲，要以性慾之異常的表現爲多，茲請先就此點，一爲介紹。

（一）年齡與性慾的關係　此項關係也不是一定的，由於各人的稟性，環境，營養等不同，其表現亦互異。

(a)在發情期中的精神狀態　這個時期，大約男子在十三四歲至十六七歲，女子則稍稍早一點。氣候較熱的國土，則男女的發情期均頗早。一個人到了發情期，不獨身體上發生極大的變化，就是精神上也發生顯著的差異。如對於異性的愛着羞恥的感情，和社交心虛榮心等的昂進，一般感情的容易動搖，自制力的缺乏，易爲外界刺戟所支配，即所謂富於暗示性，易陷於沈思冥想空想惑溺厭怠等等，間且有如入於夢幻的狀態者。克里卜林，瑪洛等精神病學者，亦謂發情期中容易發生精神上的各種病症。尤其是在女子的月經開始期中，常有上述精神特徵的強度表現。基於此種事實，可知在這個時期中的男女危險性是非常大的。

瑪洛氏常調查意大利學堂不良行爲的情形，照年齡的分配，十一歲約占百分之六，十二歲以上的占百分之十，十六歲約占百分之七，自此以上，則無顯著的變化。據此統計，也可推知一個人在這個時期，最易於發生不良的行爲了。

(b)早熟　發情的年齡較上述時期還要來的早的，便叫做早熟。其原因要不外爲稟性的關係，病的關係，和環境淫靡的關係數者。不過幼小的兒童也有相當的性的興味的，如他們在詈罵或惡戲之中，常含得有此種的要素。據桑福裴爾氏的研究，謂二三歲的幼兒在正常的狀態中，即已有性的感情。而龐斯氏則謂十二歲左右的兒童，對於性的感興已是很強了。

凡是具有精神病的體質的兒童，不問這種病是屬於遺傳的與否，因爲他的想像力非常的昂進，感情性異常的發揚，每易成爲性的早熟者。斯登來霍爾氏謂肺結核病亦容易促進兒童的性的官能的早熟。

凡是在狹隘的屋內居住的大人，對於性的行爲之不謹慎的諸謔猥褻的談話等等，都應該非常注意，因爲這種事情每容易刺激兒童，促成他們的早熟。又如淫猥的照片，繪畫，小說等等，也是兒童早熟的一種誘因，不可不防。又在此時期，對於青年婢僕以及雇人等，亦應嚴加防備，以免受他們的誘惑。如若不然，則兒童往往易犯性的惡癖，如手淫等等，馴至不可救藥，從而精神不能集中和努力困難等病，也就隨之而生了。

這種的早熟者，在身體的其他方面以及知識方面發達都是未曾充分的，但因爲早熟的關係，對於性慾的不良的行爲，他們是會得的了。從法律上論他們往往又是未達責任年齡的，所以取締也很困難。依普通的辦法，大抵是把他們當作一個家庭的或學校的道德教育問題來看待，幷設法以爲防止。

(c) 少年犯罪和性慾的關係　少年犯罪者以關於異性的問題爲多，中年犯罪者則以關於利慾的問題爲多，這也是身心上年齡上必然的一種趨勢。茲據日本犯罪心理學專家寺田精一氏的研究，幷據其所調查的結果，小田原分監的報告，二十一歲未滿的犯罪者一百七十人中有五十九人是關於性慾問題的。川越分監的報告，十八歲未滿的幼年犯罪者二百八十五人中有一百零三人是關於性慾問題的。又該監調查四百三十三人的幼年犯罪者，其和異性發生性交的年齡，得表如下：

| 關係年齡 | 十三歲 | 十四歲 | 十五歲 | 十六歲 | 十七歲 | 十八歲 |
|---|---|---|---|---|---|---|
| 人數 | 4 | 14 | 54 | 121 | 153 | 87 |

觀上表，數目最多的是十七歲的，占全數百分之三五·三，其次爲十六歲的，占百分之三八·〇，然而未滿十五歲的數目也不爲少，這是一樁可注意的事情。至於他們和異性發生關係的原因，其中百分之四八·九爲受暗娼的誘惑，三一·八爲受娼妓的誘惑，其大多數則爲受惡友的誘惑。綜上述，一言以蔽之，都可以說是環境不良的結果，不然，一個沒有獨立生活能力的人，是決不容許發生這種行爲的。又查其中幼年女子的犯罪者，比男子還要來得多，差不多上面所講的那個數目中間，大部分都是的。

(d)老年人的性慾異常　華爾芬及其他一部分的學者，常說到老年人和性慾異常的關係，他們以爲老年期的人，既不能以普通的方法來滿足他們的性慾，於是祇有往別的不規則的方向走了。因老年人既不能和青春女子作爲對手，遂一變而和其自己的子媳來調情，或向無知的小兒來發洩他們穢褻行爲。這種事情，雖在五六十歲以上的人，亦在所不免。他們做這種事情，常不自知其非，祇以爲是一時的惡戲，不過這種人要以屬於精神發達較低，或已入老耄狀態的人爲多。

又女子大凡到了四十七八歲，便入月經閉止期了。從而精神上亦隨之而發生變化，性慾漸行衰退，不過此時也有一種變態的女子，性慾反特別來得昂進的。但其中因爲自覺衰頹，以妬嫉而發生此種狀態的，也是不少。

(二)性慾與挑撥的原因　有時性慾極易挑發，且常入於昂進的態度，然其原因亦有種種。

(a)禀性的關係　性慾的發動，在常人則有相當的限度，有時超過這個限度而特別奮興，這就叫做性慾的昂進。這種事情，有的是屬於遺傳的，如父母淫逸者，其子女的性慾亦必特別來得強盛。有的是因爲早熟的，如幼小時卽早發生性慾，到大來亦必比別的人來得強盛。要之，凡具有昂進性的人，有時雖也能因意志關係而加以壓抑，但其遇相當機會，仍舊會突然的爆發出來。

又一般人和異性的關係，必以選擇的方式行之，但有些人則可不論何人，只要有交接的機會，便能發生關係，這也是性慾昂進的一種，其原因則大半屬於禀性。

(b)環境的關係　如淫靡的交友，家庭，小說，繪畫，戲劇，電影等等，皆可挑撥少年人的性慾，而使之早熟或強度的昂進。這種情形，對於少年的身心是極有害的，其他精神作用的發達，都可以爲此而生阻礙。又飽食煖衣，無所事事，卽所謂「飽煖思淫慾」，此亦爲性慾昂進原因之一種。

成年後的少年，如果他的生活完全是和異性相隔離的，一遇機會，也特別來得昂進。如在軍隊生活，海上生活，學校或工場寄宿舍生活的人，往往有此種現象。

又僅有兄弟或僅有姊妹的少年，他的家庭生活所接觸的祇是同性，這種人，如一遇到異性，也容易發生劇烈的性慾，做父兄的人，在此種場合，切宜加以注意。

(c)疾病的關係　患神經衰弱或其他精神病的人，也往往有這種情形，其輕者尚可以意志之力制之，其重者則衝動甚強，殆無制御之餘地。這種病的興奮，又可分爲二種，即一時的和繼續的是。又患此種疾病的人，每易犯手淫，甚或有在發作之時而對異性作危害之行爲者。

(d) 節季的關係　我們觀察動物界和植物界的現象，便可知節季和性慾有如何的關係。不過人們是因爲過着家居的生活，且有衣服和其他的設備以調節氣候，所以人的性慾發動便和動植物兩樣了。然而據一部分學者的研究，仍還有幾分的關係，如白替隆（Bertillon）氏每年將一千二百個私生子的受胎期加以統計，其結果，皆以春夏爲最多。由此可知氣候溫和的時候，容易使人性慾昂進。

（二）性慾與犯罪的關係　性慾昂進之時，每易使人作不良的行爲。但此種情形，也可分爲二類，即關於性慾出身的不良行爲和因性慾而犯罪是。前者爲直接的犯罪行爲，後者則爲間接的犯罪行爲。

(a) 直接的原因和間接原因　第一，直接的場合。大凡一個男子的性的生活，都是積極的，所以往往對於這種行爲是屬於主動的一方面，如強姦一類的犯罪，只有在男子爲可能。至於女子的性的生活，乃是消極的，所以除嫉妬怨恨之外，施不出什麼暴力的手段來。第二，間接的場合。因爲要想滿足性慾而做出盜竊，詐欺，拐騙等等的犯罪行爲，這便是屬於間接的。關於這種的犯罪者，在世界各國都極占多數，且中年以前的犯者，大部分是因爲嫖妓的關係而出此的。

(b) 要求安慰的原因　兩性的關係，以性慾爲中心，這固然是不必說的。但精神作用較爲發達的人類，僅僅性慾一端當然還是感覺到不滿足，另外尚須有相互安慰這樣一件事情來伴隨着。那怕他是一個工作極繁忙的人，只要他有一點兒空暇，馬上就會向着這個問題裏面鑽。一般中年以前的性慾犯罪者，其原因往往是因爲他沒有一個幸福的家庭，而他的資力又不足以締結一個健全的家庭，於是他們爲要求到這種安慰起見，遂不惜向花街柳巷時時問津，縱連一點眞情或一點同情也得不到，一夕的會合，他便會把自己的境遇忘却，而去做出那種無謀的行爲來。據犯罪心理專家的研究，大凡這種犯罪者和賣淫的制度是互爲因果的，如賣淫的事情一日不能取消，則這種罪案也一日不能減少。

(四)性慾與道德的關係　古今來性道德上的一個重大問題，即貞操之觀念，是由於近代思潮的激變，關於貞操問題也發生了極大的動搖。貞操二字，固非女子一方之事，但此處所講的，則仍係就女性而言。玆請將一般所認爲最重要的幾個問題，先加討論。

(a)守節　守節一事，在我國從來即認爲是女子一方的片面的義務。妻死，男子可以續絃，夫死，則女子不容再嫁，此不獨於理未平，抑且有傷人道。然而『內無怨女，外無曠夫』爲聖王之美德，可知古代人的觀念對於男女之事亦頗重視。至若認再嫁即爲有失貞操，顯係迂儒的苛論，自不足以爲法。

(b)離婚　男女間的結合既屬絕對自由，其分離當亦非自由不可。而愛之一字，即爲其間之樞紐。然貞操觀念的變更，也不可謂非婚姻離合較易的一個原因。倘把最近各種的離婚事件來統計一下，必可得到一個驚人的數字。

(c)性交　在今日則不獨認再嫁爲無傷於道德，即於貞操的觀念也沒有從前這樣的嚴。其甚者且有性交解放之說，更衍爲公妻之論，其是非得失茲姑勿論，但於此也可以見一般人對於性慾在道德上的意義，其變遷是如何之大了。

要之，此後的傾向，對於性慾的問題，決不能以從前嚴苛之道德觀念律之，這是可以斷言的。而生理學及優生學上的證據，或爲將來談性道德者之唯一標準，亦未可料。

## 三　性慾與性慾崇拜物

古人謂「服之不衷，身之災也，」可知服裝這件事情，和道德，風俗，習慣等等，都是大有關係的。不過現在這裏所研究的，不是那麼的廣泛，僅只就其有關於性慾教育之一點來加以討論而已。因爲這種研究很有趣，故特爲之介紹於此。

可以挑撥人的性慾的東西，固然有種種，服裝一事，也是其中之一。但現在所要講的，不僅是服裝一種，凡是爲性慾的象徵的東西也都在討論之列。這種東西近代的學者曾給宅以一個新名稱叫做「性慾的崇拜物」

崇拜物一共有兩種，一是宗教的崇拜物，一是性慾的崇拜物。前者以宗教的感情爲主，後者以性慾的感情爲主。但此二者有時也不能顯爲區别，例如淫祠，雖是以宗敎的感情爲主，然亦含得有性慾的意味。宗敎的崇拜物，其對象有如偶像，符籙，和靈寶的東西等等，這種崇拜物上邊倘引不出什麽犯罪的行爲來。至於性慾的崇拜物，則爲其現象自身由其自身上即可引出種種犯罪的行爲來。對於這種問題，犯罪心理學家烏爾芬曾有詳細的研究，兹照他的分類，略爲介紹如次：

（一）關於身體各部位的　此處所舉者，一以能够引起男性的注意的東西爲主。因爲有好些男人，對於女性身體上某一部分特别能够引起興趣，除掉這一部分，他就感覺到不能充分得到滿足了。厥例甚多，且有關風敎，實爲講道德敎育者所不可不注意之事。

(a)手　女性的手和性的生活，有種種的關係，例如指環，即爲女子的主要裝飾品之一，而且她們對於手的美也常特别的加以保護。從男性看起來，對於女子的手，當然也是一個重要的注意點。又性的生活，觸覺也是一個重要的官能，而手則爲日常生活中使用觸覺最多的一樣東西。有好些性慾變態者，對於手的刺激特别來得强，只要一碰到，便可感覺到性的興奮。在人多鬧雜的羣衆中，我們即不難發現抱有此種惡癖的人來。

(b)腿和足　我國一般女子的腿足，是不肯輕易赤裸裸露出來讓人家看的。因爲不能輕易瞧到，所以對於性的刺激也特别含得有一種神秘的力量。歐美演藝場中所盛行的一種跳舞，就是利用此種的心理，由女子腿足的振動上，觀衆便可以得到一種特殊的興味和滿足。

(c)胸和乳　胸和乳，實爲一個女性美的主要部分，而且是藝術上所最注意的身體部分。從而男性對之，自然也極易引起性的興奮，而視之爲性的崇拜物了。

(d)臀部　女性的臀部骨格上的構造，即和男子的不同，形態上即可充分表示出女性的特徵來。唯其如此，所以這一部分，和性的興奮上大有關係，且有多數男子，視之爲重要的性的崇拜物，而加以詩的讚賞。

(e)毛髮　這也是一種最普通的性慾的崇拜物，而且和女性的一般生活，有密切的關係。我國稱元來之配偶爲「結髮」，可知髮於性慾上的地位，是何等的高貴。又如女子夫死，則往往斷髮；祈願時則往往以髮之一部獻於神佛之前，有時且以髮作爲本身的代表。自此諸點觀之，便可知道髮和女子的關係是如何的重大了。且在從前梳髮之時，髮的樣式和裝束最爲複雜，就是現在剪髮的女子，也有不少的形式。此事東西皆然，其爲性的象徵，在各地也都是一樣。

其他如異性的臭味，聲音，眼，口，耳，齒，鼻等，也都是一種性慾崇拜的對象，茲不一一具論。要之，上述身體各部分，都有引起異性性慾興奮的可能，在研究性慾教育的人，對於這種事情，都有一一加以注意之必要的。

(二)關於服裝及化粧品的　異性間對於各人的照片，好像是宗教上的靈符一樣，特別來得愛護，這是一般普通的情形。其他如異性的用品服裝等等，其爲性慾崇拜物的程度，則須看各人的性情和嗜好而有所差異。茲僅將容易引起異性不良之念的幾種東西，略述數行如次。

(a)裏衣　女性的裹衣對於男子，也是一種足以惹起性的刺激的材料，但這種東西，乃是一種由於觀念聯想而喚起的性慾的刺激，所以和前述的崇拜物有點不同。

(b)手帕　此爲男女間傳遞情愫的一種主要品。然其用甚廣，不獨限於異性，就是同性間也有以此相互投贈的，即一般所謂手帕交者是。手帕的用處，在小說中也常常見到，尤其是往昔的女子，因此而成爲婚姻關係的不知凡幾，所以手帕在女子身邊，實在是一件很珍貴的東西。

(c)鞋　此物在我國從前女子纏足的時代，乃是一種表示女性美的主要品，現在雖已盛行天足，但男性對於女子的靴鞋，仍舊還是能够引起興奮，在歐美也是如此，我們只要看到上一段所講的足，即可推知。

(d)指環及其他各種化粧品　這種種東西，當然都可以代表一個女性的刺激而發生性慾上的聯想，其中尤以指環爲最重要，婚姻的約束，即以此爲證物。

要之，服裝一事，實爲異性間相互吸引的一種重要工具，這不獨是性慾教育上應該注意的事情，而且對於社會的風化，和一般的道德，也有莫大的影響。有心於道德教育的人，對於此項問題，應該充分加以研究才是。

# 第五章　道德教育與禁酒問題

## 一　禁酒問題的起因

酒的來源甚早，在我們古代即有儀狄釀酒的傳說，又有些人說酒是杜康所造的，又有些人說從黃帝時代就有酒了。在歐洲也是如此，希臘神話中間就載得有關於酒神拔克斯的故事。飲酒固然是從古代一直傳下來的一種舊習慣，但知道酒精有害於身體而想加以限止或主張把它完全禁絕，這種運動還是最近才有的。

禁酒運動的起因一以現代文明進步各方面的科學研究極爲發達，對於酒精的害處，前人所想不到的，現在也知道了。一以社會發達的結果下層階級的人過量服用酒精因之發生不少惡害的事情，於是一般人遂有限止飲酒的提議了。是的，酒精的害處的確很大，尤其對於遺傳方面，影響非常顯著。據可靠的統計低能兒的原因，大部分是屬於酒精中的的遺傳。且這統計所得的數字，至可令人驚駭，即三百八十九人的低能兒中，有六十三人，即一六・二%，他的父母是飲酒的。又二百五十六人的女低能兒中有四十六人，即一八%，她的父母是飲酒的。總括起來說，即六百四十五個低能兒中間，有一百零九人，即一六・九八%，他們的父母是飲酒的。因爲有這種樣的可怖的發見，於是禁酒這一件事，遂成爲現代社會上的一個重大問題了。

現在要反問一句，就是好好一個人爲什麼要歡喜飲酒？一般都知道的，飲酒的目的，要言之，不外乎是求快樂。因爲酒一醉了，把一切的俗事都可忘却，把一切的愁腸都可以抛開，而得到一種不可名言的快樂。飲酒的慣例，不問東西，大概都是在食前。又所謂酒能合歡，在交際集會場中也少不了它。但到了現在，這樣東西却和一般勞動者結下一個不解緣了，他們不獨在休息的時間要服用它，就是在勞動的時間也離不了它。例如遇到不歡喜做的工作，飲酒之後，就可以勉強過去工作倦了，精神感覺疲乏，飲酒之後，就可以把苦痛除去。這樣一來，飲酒的時間和目的，就與往昔有點不同了，往昔祇在食前或會合的時候，現在却隨時隨地就可以飲起來了。要知道在飲的時候，一時血液的循環，固然可以增高，胸中的心境，一時固然可以感到爽快，殊不知到後來，不獨身體和精神的活動要減弱，而且生理上的一切構造，都要爲之破壞。或心臟擴大，或血管硬化，及發生他種疾病，其所生的毒害，眞是無窮。最甚的便是它對於神經組織上所給的害處，所謂神經衰弱的病症，大部分都是由於酒精中毒的原因而來的。

酒精的害處雖然是這樣的大，但輓近歐西對於這種東西的消費，却非常的多。據德國的調查，在一九〇〇年，全國消費量，啤酒占六七四四三〇〇〇公石（Hectolitre竡），白蘭地占七三五〇〇〇〇公石，葡萄酒占三六九七〇〇〇公石。如以人口爲比例，則一人每年平均有一二五一公升的啤酒，八八公升的白蘭地，六六公升的葡萄酒。如再換以金額計算，則啤酒占二十億八千萬馬克，白蘭地占七億三千五百萬馬克，葡萄酒占三億七千萬馬克。再和人口比例，則每人一年須平均消耗五十七馬克。從這個數字上看，酒精的消費，不說其他的弊害，就是從國民經濟上講，也是一個極大的無益的損失了。

服用酒精的結果，其害不獨關於個人自身，且流毒子嗣，更可影響社會。或因此而犯罪者增加，或因此而社會的風紀破壞。如愛爾蘭在一八三八年，有重犯一萬二千九十六人，因麥脩牧師竭力提唱禁酒的結果，至一八四一年減少了七百七十三人。又如德國一八八九年犯傷害罪的一千一百三十人中，有七百五十人是歡喜飲酒的。爲減少犯罪者起見，對於飲酒一事，也實在是不可以不禁了。

在學校教育上，對於禁酒這件事情之所以會成爲一大問題，乃是因爲德國小學校兒童的飲酒而起的。據德國教員禁酒會的調查，七千三百三十八個兒童中間，只有一百六十六個人，即二·二六%的人沒有吃過酒，其中有九百九十八人，即一三·四%是常常醉的，還有八百四十七個人，即一一·四%是每天都要飲酒的，有一百四十八個人是要每天喝了酒再來上學的。關於這一類的調查，即小學校兒童飲酒的調查材料很多，并有種種的統計。要之，德國飲酒的兒童極占多數，因之遂引起教育上，即學校禁酒的一個重大問題。據克利賓氏和其他許多學者的研究，飲酒兒童的結果，將來不成爲劣等兒童便成爲低能兒。酒精爲害於兒童之巨，於此可知。

小學畢業後在商店或公司服務的青年，朝奉飲酒的人數更來得多了，因爲他們在家庭中間，或者在社會中間，目之所見，耳之所聞，飲酒的誘惑品，實在隨處皆是。不獨小學畢業的青年如此，就是繼續在求着學的中學學生，也有不少是歡喜服用酒精的。據莫那特教授的調查，某中等學校中，其有吸食煙草及飲酒的習慣的學生，占全校神經衰弱學生五分之一，占頭痛病三分之一，占不眠症五分之四。維也納的溫克拉教授對於某私立實科中學的調查，謂該校學生百人中，有三十四人每一須飲啤酒，二十八人每日須飲葡萄酒，七人則常飲其他強烈性之酒。

查酒精之爲害於身體，與年齡適成爲反比例，卽年齡愈小，爲害益大，此蓋因兒童的神經組織，發育尚未十分完全且異常脆弱，倘受酒精刺激神經自非陷於衰弱不止。要之禁酒問題之起，其最重要的原因不外是衞生上的，經濟上的，道德上的，和教育上的四種，現在請僅就教育上和道德上的情形說起，餘概從略。

## 二　校內的禁酒運動

校內的禁酒運動，一言以蔽之，就是關於酒精毒害的知識教授的問題，卽我們怎樣去教導學生，使他們自己覺到這樣東西是有害的，而不肯去服用它。一談到這兒，就有了三個問題，都不能不先解決的。第一個問題，便是教材的選擇問題，卽酒精性質是怎樣，它的成分是怎樣，其所含的養分對於人體的關係是怎樣，結果所生的毒害是怎樣，流毒於一般社會的情形是怎樣，酒精和犯罪的關係是怎樣等等。這種教材，最初就應一一配置適當，而後可以教授。第二個問題，便是這種教材應該放在學校教育的那個部分去教兒童學習。第三個問題，便是教材固然已經有了適當的場合去教授了，然究應用如何的方法來教授，卽是關於教學方法上的問題。

關於第一個問題，據上一節所述各點，已可知其大概，卽酒精自身絕不含有滋養分，其服用結果，不獨對於個人的生理上，道德上，經濟上都有害，且流毒社會，爲患無窮。所以關於這一點，我們可以不必多費討論。

關於第二個問題，最先要解決的便是對於酒精毒害的教授，是不是要特設時間的一個問題。換言之，卽作爲一種獨立科目教授呢，還是於教授其他相關課程之際把此事附帶在裏面講解。關於此點，各國的教育家頗有不同的主張。例如美國，因爲有亭脫夫人等熱心禁酒運動的關係，很多的地方都特設科目，以教授此事。即酒精問題在小學校爲必修科，一如地理歷史等各科特設時間，以爲教授。此種運動，於一八八五年傳至加拿大，該處各公立學校多有特設時間以爲教授者。復傳至瑞典那威，一八九一年瑞典國會決議，以衛生教授爲小學校的必修科，酒精問題，即併入其中教授。那威亦於一八九六年五月九日發布教育令，規定小學須設必修科，同年七月七日，更規定中學校亦須教授關於酒精之科目。比利時也在一八九五年九月規定衛生爲必修科，於其中教授酒精的知識。法蘭西對於此項問題的教授也極注意，查法國現在的規定，各學科中均須注意此項問題。一八九七年朗勃氏爲教育總長時，更規定中小學校及師範學校均須教授衛生。一九〇〇年萊格氏爲教育總長時，特發布訓令，極言酒精之害，令各校對於此項教授不得忽視。

關於酒精的毒害，各文明國多特設科目，從事教授，已如上述。然德國的教育家，對於此點，則獨持異議。他們的意思並不是說無教授之必要，而是主張不必成爲獨立科目。實際上，德國禁酒的運動也不下於他國。如一九〇一年教育會衛生會等即已將此問題建議於政府，一八九七年伯林的禁酒同盟會，也曾向當局提出這個問題，幷主張各校講授這個問題，俾學生看到這種統計，知道它的害處而不致於服用，而在政府方面則應嚴格取締學生飲酒。至於德國教育家之所以不主獨立一科的理由，乃是根據教授統一的見地以爲立論的。不僅一般教育家的見地如此，就是由各校教員所組織的德國禁酒同盟會，也不贊成酒精教授特設一科的辦法。

然而酒精問題究竟在那一種機會中間教授呢？據伯林學校委員的規定，則大致如次。即第一在教授宗教科目的時候可以把這個問題放在裏邊，如教到十誡中第五誡「勿殺」就可以說到飲酒也是犯殺人罪的一個原因。第二教授自然科學的時候也可說到這個問題，如在生理學中，可以說到酒精及於身體的影響，在理化學中可以說到酒精的成分。第三教授算學的時候也可以說到這個問題，如由酒精消費所生之經濟上的損益，可以用算術的題目來計算，又如製酒時須用若干的麥和馬鈴薯，其毒害及於個人經濟和國民勞動力上的損害是怎樣，都可以製成一種算學的演習問題。以上所講，不過是小學校的，至於補習學校等等，說到這種問題的機會，還更要來得多。一般補習學校，大抵以教授關於職業的問題爲多，那末即可由個人職業的立場，或由社會職業的立場，以說明酒精的流毒，并傍及於結核病，梅毒等和酒精的連帶關係。此外，師範教育，中等教育，都可以倣效這種方法，來教授關於酒精的知識。

此外，英美各國還有一種常常採用的方法，就是利用特別巡迴教師來講演這個問題。如英吉利則往往命學生於課後提出三十分鐘或一點鐘來聽這種特別講義。巡迴教師於此時，攜有化學上的實驗機械和幻燈等等，充分可以把酒精對於人的毒害表示出來。以外還有一種團體組織，如美國的 Banels of Hope，於一八八八年至一八九九年十一年中，會作過三萬四千六百十七回的講演，聽講的兒童人數達三百八十三萬八千五百，教師人數達十三萬七千。

以上所講的，祇是關於校内教學方面的禁酒運動，但除教授此種知識之外，尚還有别種的方法。即第一，爲運動的獎勵，此法即由適當的運動和各種的遊戲，以遏抑兒童飲酒的欲望。第二，爲嚴行取締，一方設重罰以取締學生，他方復使他們自己養成一種克己的習慣。第三，爲學生禁酒會，即由學生自己相互締結契約嚴禁飲酒。此種運動，一八四三年時即已盛行於德國，後來漸普及於一般社會，成爲一種普遍的制欲運動。據一九〇一年的調查此種團體，德國共有三十一處，會員達一千二百人。以寄宿學校著名的哈比達的田園學校，就組織得有這種的團體。其他類似的集會尚還很多，不過一般教育家的意見，殊不以爲然，以爲幼年學生組織團體，是一件不好的事情，不獨易染惡風，且時時耳中聽到「酒精」「酒精」的聲浪，也不是教育的良法。他們以爲最好是採用直觀的方法，即教師以身作則，示以模範，此種辦法，最爲有效。因爲一般教育家的意見如此，所以後來教員間的禁酒同盟會也起來了。他們自己先禁酒以作模範，即教授之際，亦純採直觀的方法，俾兒童直感的就可以覺到酒精這樣東西的毒害。

## 三　校外的禁酒運動

禁酒運動最要的還是在校外而不在校内，何以呢？因爲飲酒這件事，在校内生活時機會一定是非常之少的。如果他們的父兄是飲酒的，這就得歸咎於家庭。家庭之外，一般社會飲酒的風習，也是引誘學生飲酒的一個重要原因。所以禁酒這件事，必須在校外設法，然後可以謂之釜底抽薪。

講到方法，第一要得到人家的了解，使人家自己覺到這種害處而不去吃它。第二再可以講到用嚴厲的禁止手段。但是關於一般社會的禁酒主義，也有二種，一是對於酒類絕對戒絕的禁酒主義，一是凡含有強烈性的酒精的飲料，則加以摒棄，但在相當程度之內，還許飲酒的一種節酒主義。現在各國最通行而且最易行的，便是後者的節酒主義。

要使一般人都知道酒精的弊害，其方法，不外是口頭宣傳和文字宣傳二者。在現代，這二種的宣傳，都組織得有不少的團體，或開講演會宣揚飲酒的壞處，或用簡單的印刷品，或用新聞雜誌極力宣傳，不遺餘力，使社會上人人皆知道吃酒的不好。但是我們要想澈底達到這個目的，自非有一種有力的辦法不可，光靠宣傳，究竟效力不大。所以國家第一須有法律上的規定，如關於酒店改良的規定，酗酒取締的規定，賣酒制度的規定，賣酒時刻限制的規定，禁止未成年者飲酒的規定，幼年者工資支付方法改良的規定等等，皆屬必要。又如對於土曜日支付工資與否，和勞動休息日准許縱飲與否，都有一一考慮而加以相當制限之必要。至於工場中間，最好是對於勞動者的生活狀態，須與以相當的改良，俾其不以飲酒為唯一之娛樂品，而代以其他的遊戲。於是再推廣到一般社會，縱不能使完全禁絕，最少也可以使人人知道節飲。

德國禁酒運動最早在十九世紀的三四十年左近，已經有這種的運動起來了。至一八四三年終，德國已有節酒會及廢酒會四百五十二處。一八四五年更增至一千零七十二處，計會員達四十二萬五千人以上。這還是德國北部的情形，其他地方，還有六十萬名會員之多。在這一個時期的中間，德國禁酒的運動，非常旺盛，後雖稍衰，但至一八八三年左右，此種運動復起。一八八三年，全國共同組織的大規模的禁酒團體也出來了，形勢非常擴張，共辦有四五十種的機關雜誌，以宣傳此事。至這種運動的原動力，還是出於宗教團體，其時新教徒都有這種團體的組織，而基督所流行的國內傳道團體中間，也有這種的組織。茲請舉一實例，以窺其一斑。今如舊教徒加特力教徒禁酒會的規定，其第一條云，本會禁酒的目的，為預防或禁止濫用酒精飲料，以杜絕由此所生之道德的宗教的經濟的弊害。第二條云，本會會員共分三種；第一種為節飲含酒精之飲料者，第二種為不服用白蘭地等強烈之飲料者，第三種為絕對不用酒精飲料者。此中第二種第三種的會員，經過一定期間，得授與畢業證書。又為達第二條所規定之目的起見，得應用下列之方法：一、以口頭或文字宣揚濫用酒精之害，并開會或印刷刊物以廣宣傳。二、儘量作慈善的設備，如簡易茄菲店，儲蓄會，通俗圖書館等，以代替飲酒的娛樂。三、製定適合於上述目的之各種法規。四、改良酒店及飲酒的風習。五、防止幼年者感染飲酒的嗜好。六、設救濟委員，令以救助因酒致疾之人。

其第三條則為會員資格之規定。普通會員每年須納五十 Pfennig（等於百分之一馬克）由會中發給關於酒精毒害宣傳或衞生宣傳的印刷品。每年納三馬克者得爲贊助會員，由會中發給關於禁酒的雜誌。其第四條爲職員的規定。會中設會長，書記，會計等等。會長得在鄉村指派委員，委員負有分配印刷品於各會員及徵收會費之義務。職員會每年召集二次，大會每年召集一次。大會時須報告會中事務，聯絡各團體，職員有缺額，亦於大會中補充之。

以上，祇不過是舉其規程的大概，現在各國作禁酒運動最力的也還是宗教團體。我們要想一般社會道德向上，禁酒運動，當然是一個重要問題。近來以禁酒著名的國家，第一總要算美國了。它的情形，一般人知道的也很多，茲不贅敍。

# 第六章　道德教育與體育問題

## 一　體育與道德之關係

外人對於我國向有「老大帝國」之稱，這句話不獨是笑我們民族的思想衰老了，幷且是說我們民族的體力也衰老了。自鴉片流入我國之後，全國人民受其荼毒的不知凡幾，而「東亞病夫」的這個稱號，直到如今，還是沒有洗刷掉。我們須知一國國運的興衰，和國民的一般體育是非常有關係的，如果精神不振，甚至連一點元氣也沒有，國家未有不衰微的。此事幷不是憑空口說，我們只消把我國國民的身體和歐美各強國國民的身體，作一個實際的比較，便可以明白斷定誰強誰弱了。

身體的強弱，不獨有關於一國國運，就是個人的道德行為，也大半以此為基礎。如病人之易於發怒，精神變常時之易於做錯事情等等，都是顯然的例證。尤其是現代科學的進步，對於生理，病理，遺傳等學術的闡明，知道人類大部分或殆全部分的行為，都是和身體的構造，強弱，病症等等有莫大的關聯。申言之，即身體上，如有缺陷，精神上思想亦必不能健全。例如英國心理學者高爾的骨相學，就說到一個人的頭顱構造，和一個人智愚賢不肖攸關。又如近代著名病理學家諾導爾的變質論（Degeneration），他以為一個身體上的不具者，同時即為精神上的不具者，如一個人的顏面或頭蓋的左右發育不平均，或耳形不完全，或兩目斜視，或門齒臼齒不齊，皆是身體上的不具者，這種不具者往往是常識缺乏，道德觀念薄弱，對於善惡界限不明，而成為一個行為上發生缺陷的人。所以我們不講到個人的道德修養則已，若一講到，便先要補足這身體上的缺陷；不講到國民道德則已，若一講到，便先要提倡這國民的體育。

從實際上講，身體的發達常在精神的發達之先，一般不知此理的人，或者文化程度較低的人，他們祇見到身體的發達，而不知精神亦係隨身體而並進，遂以為精神的發達為文明進步的唯一特徵，因之往往養成一種重視心意而輕視身體的偏見。這真是一種皮相的見解。試思一個人若是沒有健全的身體，又那裏會有健全的精神？語云：「健全之精神寄於健全之身體」，又云「成大事業者必有大精神」，據此，則我們也可以說「有健全的身體然後有健全的道德。』尤其是生存競爭異常劇烈的現代，我們如不用全力來奮鬥，就不能適合於近代社會的生活。生活愈繁劇，要求生活力的消耗也愈大，要具備極大的生活力，便先須要有極康健的體力，這是一定的道理。茲於道德生活亦然，道德的行爲本來就是一種的能力，亦即所謂道德力，是未具有道德能力的人，或其道德能力受了障礙的人，我們往往不把道德責任加在他們身上。如對於未成年者的犯罪，和酒精中毒者的行爲，或減等或不爲罪，這就是因爲他們的道德能力沒有充分具備的緣故。斯賓塞爾說：『保持康健，乃是人間的義務，若加以破壞，這便是對於身體的犯罪，』此數語，我們眞應該奉之爲圭臬纔是。

## 二　歐美國民體育發達概況

體育和國民精神的關係，及道德的關係，既如上述。我們若要知國民體育的重要，那就對於現代各國體育發達的概況，不能不略加研究，茲請擇要介紹如次：

學校教育中獎勵體育這件事情，還是起於文藝復興之後，如當時那一般汎愛學派的教育家拔敖脫，薩爾瑪等，都是提倡體育教育的人。其中尤以格莫次氏爲最出力，他便是體操家的鼻祖，這是人人所知道的。他們雖熱心提倡，但一時尚未十分普及，直至十九世紀之初，普魯士因受法國的壓迫，國勢阽危，於是一般愛國之士如雪拉，菲西坦等，鼓吹國民奮起，從中有一位愛國者叫約恩的，且毀家出資在國內各地設立體操場，以提倡國民體育。到後來普法戰爭，普魯士打了勝仗，廢止體操的反動思潮起，而約恩體操場等，遂遭封閉。直至一八四〇年左近，各學校才始恢復體操一科。一八八二年復經普魯士教育總長弗朗克哥斯來的明令提倡，并愷切說明遊戲運動等在教育上的價值，其時國內許多的醫學家教育家亦均贊成這種的議論，於是體操一科，始於學校教育內立有不拔的基礎。同時政府對於校外的體育教育也極力獎勵，駸駸日上，直到今日，差不多沒有一國不承認國民體育的重要了。

德國的體育教育和英國相較，校內體育英不如德，校外體育則德不如英。英國國民體格之所以能那樣強壯，也可以說全然是由於提倡校外體育的結果。至英國的校外體育何以能那個樣子的發達，說到它的經過，也非常有趣，茲略爲之介紹如次：

英國在武士勢力極盛的時代，種種的戶外運動即頗爲發達。當十六世紀英王亨利第八在位之時，即所謂英國的戰爭時代，各種武藝，都很盛行，如騎馬，射箭，打獵等事，都是一般武士們最著重的遊戲。此外還有各種的競技，即如格鬥一事，在當時也是非常的獎勵。亨利第八復出令人民每家均須置備弓矢，除病老衰廢者外，人人都得演習，以待將來效命於疆場。因爲如此，不獨武士階級的人閑習武藝，就是一般下級的人民也個個能使用兵器。

等到封建制度一衰，輕武重文的風氣遂漸漸的起來了。英國本來是一個基督教的國家，所以英國的學校教育也大都是含有基督教的臭味的，從而對於體育一層是非常的摧殘。而其時一般教育家，如普爾等，對於英國貴族教育的批評，竟說他們所做的盡是一種無益的遊戲，而剛在盛行的 Public school 因爲校長都是宗教家，所以他們對於運動游戲等又加以嚴厲的禁止。然而運動競技等事，在英國是很有悠久的歷史的，尤其是入這種 Public school 的貴族子弟，對於他們父兄世代相傳的武藝，豈肯輕易拋棄。所以這般貴族子弟在學校內則陽奉校章，埋頭文學，一到外面便偷偷的糾合同志，仍去弄他們那騎馬射箭的一套。學校當局也無法可以制止，祇好在形式上對於運動時間的限制予以規定，而大多數的學校，則對於此種事情，咸抱一種放任主義，讓他們自由去作戶外運動。英國校外體育教育的發達，就是從這個樣子的情形起來的。後來此風漸盛，在一般 Public school 中反視戶外競技爲主學科爲次了，功課好的人遠不如競技好的人被人家看得起。至於學校教育中增加體操一科，還是輓近的事情，而且是向德國學來的。所以我們可以說一般英國國民體格如此強健，完全是受戶外運動之賜。

法蘭西的體育教育，遠不如英德二國。在昔武士占勢力的時代，固然也有不少人閑習武藝，迨至十七世紀王朝昌隆的時代，法國文化都趨向於華麗奢靡一流，而成爲一種文弱的風氣了。加之加特力教的勢力在法國很盛，他們對於學校的體育教育毋寧是抱反對主義的，因之法國的體育更是無望了。近來雖也頗在獎勵，然而仍舊不能十分發揚得起來。法人的體格和身長等之所以迥不如英德人之壯偉，也就是爲了這個原故。

至於美國，則校內校外的體育教育均極發達，如足球，野球，庭球，籃球，游泳，賽船，以及其他種種的遊戲，殆已成為一般國民的常識。對於一般國民體育的設備，尤其是應有盡有。前十幾年，在桑港一處，其建築運動場的經費，即已達二百萬元之多，以此類推，其他各種有關體育的設備也可想而知了。

要之，在現代文明各國，對於國民體育是沒有一個不重視的。國民體育是國民精神的基礎，也是國民道德的命脈，希望我國教育當局，也要充分加以注意才好啊！

## 三　衛生設備及住宅與國民體育及國民道德之關係

國民體育和各種衛生上的設備，亦有不可離的關係。如清潔，防疫，傳染病療養所等，均為國民衛生上重要設備之一。此不獨與一般國民之健康攸關，且可影響於人口之增減。我們祇消將各國人口死亡率的統計一為對照，便可以知此種衛生設備之有無，其影響於人口之死亡者是如何之大了。

此外，還有一個更重大的問題，便是住宅和國民體育及國民道德的關係。近代各國都市急激澎漲，而田園則日趨荒蕪，此種之畸形的發達，經濟固為其重要原因之一，然而牠的影響，則不獨為經濟的一方，他如國民體育，國民道德等等，均莫不因此一問題而發生了許多的情事，茲請略述其梗概如次：

歐美的住宅問題，近來已極為一般人所注意，蓋歐美各國，常因都市人口日增，感覺住宅的不足，或者是房價過高，或者是因投機而造的住宅不適於居住，於是隨時隨處便都發生得有此種的問題。一般有心的人，乃設想要如何去建築適當的住宅，如何使繁盛都會的中下等階級也可以得到一種適當的房子來住，於是此項問題，亦遂成爲近代都市問題中的一個中心問題。

從道德上講，房屋太少，住的人過多，自不免良莠不齊，發生種種意外的事體。而且人多則易起爭端，或過於嘈雜，防礙日常人們和平的心境。尤其是家中有兒童的，如果天天看到一種不好的榜樣，耳濡目染，習慣性成，則將來也不易教養。不寧唯是，還有一般中下階級的人民，終日須靠著勞動過日，住宅既如此偪窄，完全得不到一點點兒的樂趣，於是他們在應該回家的時候也不願回家了，不是跑到小酒店中間去喝酒，便是去逛娼寮，身體精神，兩面俱傷，馴而至於做出種種犯罪的事情出來。加之房屋窄小，望衡對宇，男女的風紀也不易維持，羞惡的觀念既輕，種種淫亂的事情也就隨之發生了。所以一個大都會中間，對於住宅的問題如不亟求改良，小之則害及個人的生活，大之則影響到國民的道德，甚言之，連國家的發展，民族的改良，都有極大的關係，這眞是一件值得注意的事情！

住宅問題和國民體育也有密切的關係。何則？第一從一個人的身體方面講，身體的健康與否，是不是和住宅大有關係？現代歐美的都市，因爲住宅不敷，中下級的人民蝟集而處，每易發生很多的傳染病，以致死亡率年年有所增加。第二從社會風紀方面講，上面已經說過，如果一個住宅之內住了許多的人，規律的生活是過不來的，社會風紀既不易維持，一個人從小又看了壞樣色情早起，淫亂之事自不可免，如再有賭博及其他不正當的遊戲來相誘惑那就更不堪聞問了。故供給中下級人民以適當的住宅一節實爲國民道德教育上和國民體育上的一個重大問題。

所謂住宅並不是淋不到雨曬不到太陽就算完事，眞正良好的住宅，必須是要有住著很愉快的房間，和相當的設備。其中不獨可以供休息之用，還須相當安適，可以使恢復疲勞有疾病時可以靜養。不寧唯是，而且住宅是一個人的家族的大本營，不僅從衛生上看來要沒有什麼缺點，家族還有家族的道德，要維持家族的道德也自不能沒有關於道德上所必須的設備。此外，如充分的光線，適當的溫度，清潔的飲料，那一樣是可以缺的？倘這種設備一不完全，第一就害了康健。而況都會地小人多，空氣日光均感不足，又有各種工場和製造廠等處處與以毒害。所以我們的住宅，不獨要求內部的清潔，還得要求外部的安寧。然而設備較爲完全的住宅，房價必高，中上流階級的人還可以勉強對付，至於中下級的人又怎樣辦呢？這就是一般住宅改良之所以爲當今都市之一大問題了。

近代都市下層階級和小兒的死亡率異常增加，這種情形的發生，固然和食料問題，勞動問題等等有密切的關係，但住宅的不良，也是其中的一個重要原因。據一八八五年德國柏林市的調查，該市住民的死亡率，適與其住宅的種類成爲比例。即住一間屋的家族千人中有一百六十三個死亡者。住二間屋的，千人中有二十二個死亡者。住三間屋的千人中有七個半的死亡者。住四間以上的房間的家族，千人中只不過有五個死亡者而已。其平均數爲千人中之二〇·一。

照上面這個統計看來可見住宅愈小的，其死亡率亦愈大。此蓋由住宅內的設備不完全，和住宅外的環境不良，雙方所生的結果，自毋待言。

爲補救這種弊害，近來也有很多的人主張到田間去發展農村的生活，以爲調節，如新村等等，也就是這種運動中間的一種。然而社會的經濟制度，倘仍一如今日無所變革，則實際上農村還是無法可以繁榮起來的。所以這個問題，決不是體育上或德育上所能解決的一個問題，而是屬於社會制度上的一個根本問題了。

# 第七章　道德教育與文藝美術問題

## 一　戲劇

演劇一事，影響於人們的感情者至巨，近人且視之爲通俗教育之一，其於道德上之關係若何，由此卽可推知。考戲劇的起源，初本爲祭神之用，蓋含有一種宗教上的意味者。相傳古代希臘祀大神巴克斯（Baccius）時始有戲劇，喜劇係模倣神之笑，悲劇則爲模倣神之泣，而今所稱爲舞台（theater）者，卽當時陳設供物之地云云。

由此觀之，可知演劇在初時本爲宗教上的一種德育，不過後來漸漸美化，遂與美育相聯結了。雪萊（Schiller）常視劇場如一種道德機關，他有一篇論文便叫做「道德的建築物之劇場」。認崇善黜惡爲演劇之本務。這種的觀念，在東西各國也可以說是大體相同。

近人對於此種見解雖不滿意，而有所謂戲劇獨立運動者出，但事實上，近代各種演劇亦仍多少含有道德上教育上的感化的意味在。牠和德育的關係既如此密切，所以一般國家對於不正當的演劇，都是有相當之限制的。如英德法諸國，古來卽有檢查腳本之舉。惟自取締之方法言，亦有種種，其最普通者，則爲行政上的取締，作法上的取締和教育上的取締三者。此外，對於觀衆之資格亦有限制，如德國對於未成年者，例不許進出劇場之間，十四歲以下之少年，在夜間絕對不許往來娛樂場所，犯者處以三十馬克之罰金。年來我國對於有傷風化的戲劇，也有取締的規定，而對於電影亦加以嚴格的審查了。

要之，純從審美的方面或僅由道德的立場來討論戲劇，均未免失之偏頗，必須二者兼顧，才算得是一種折衷的辦法。讀者以爲何如。

## 二　音樂

我國古代，對於音樂一層，極爲重視，所謂『禮以節之，樂以和之』，禮樂二者，自來卽是相互爲用的。又樂爲六藝之一，可見音樂在古代教育上也是一門獨立的重要科目。不寧唯是，古人對於樂理，研究亦極精密，我們讀到吳季札觀樂一篇文字，便知那時人們對於音樂的領會是如何的深刻和玄妙了。

音樂價値的所在，卽因其能調和人的性情在此一點，我們便可知道牠在人格修養上占有如何重要的位置了。到反是後世，音樂退化，遠不如古，所謂「禮壞樂崩」，卽至今日，我們也不能不認爲是一樁憾事。歐西諸國，一般人民對於音樂的趣味却非常普遍，而樂具亦和其他日常必需品一樣，在家庭中占有重要的位置。至其起源，亦略同於上述之戲劇，初爲敬神頌讚之用。不過此外還有一個重要的來源，就是男女相悅的戀歌，實爲一切樂歌之濫觴。這不獨歐西爲然，我國也是如此。

人類學者常說，世間上決沒有不知唱歌的民族，也沒有絕無樂器的民族，蓋音樂一事，純係發乎天籟，且構成人類重要生活之一部，以調節人們的趣味和情緒。

音樂不獨能調和人的性情，且可鼓舞人們的愛國精神，如國歌軍歌等，大體都是含得有這種意義的。加之，聲音之感人，其力至深且大，如垓下「楚歌」，能使項羽之八千子弟一朝渙散，卽其顯例。

由音樂的表現，可以推知一國的國民性，同樣，我們也可由民謠等等，來推知某地某一時代的習慣風俗。近來我國學界努力於此方面之研究的尙不乏人，這不可謂不是一種可喜的現象。

## 三　文藝

文藝的作品，乃是一種時代的反映，卽一個時代的風俗習慣，國家的興亡衰廢，人民的疾苦，以及思想潮流的變遷等等，都可以由這個上邊一一反映出來。不寧唯是，且文藝的表現往往可以爲時代改革的先聲。申言之，卽文藝一方爲時代的表現，同時他方又是站在時代前面，亦卽眞正的文藝的價值，乃在其能超越現代，而不爲時代所囿。

所以用時代的眼光來批評一種眞正的文藝作品，或用淺薄的道德觀念來賞鑑一種眞正的文藝作品，都是不能得到牠的深刻的意味的。有好些有價值的作品，往往受時人的誤會，被人指斥，或受官家的禁止，這也是東西各國數見不鮮的事情。然而牠雖對於時代有抵觸，雖對於流俗所謂道德有抵觸，但牠的眞價值，或許是超出時代以上，或許是超出道德以上也未可知。

不過這祇是指好的作品方面而言。至若近日，因爲印刷排版非常便利，許多惡俗不堪東西流佈坊間，不僅在文藝本身上沒有存在的價值，實在還可以加上「傷風敗俗」四個字的罪案。我們儘可提倡文藝，但絕對不要爲這種的作品張目。縱加之以最嚴厲之取締，亦決非冤屈。

從道德教育的見地言，要不出二種方法，卽一方面須提高文藝賞鑑的能力和興趣，他方面須於校內校外將那些惡濁的作品，大加掃除。

文藝作品可以代表一個民族性或國民性，自毋待言。例如魯濱遜飄流記一書，絕可以代表薩克遜人種強毅冒險之獨立精神，如遍翻我國數千年的文獻，決不會發見類似此種的作品。何哉？國民性有以使之然也。

## 四　美術

此所謂美術，係指繪畫雕刻等而言。不獨可以由於此種作品的觀摩以增長我們對於美術的興趣，且可由此以推知前代的文化程度。如最近燉煌石室古物的發現，以及各地古物陸續的發掘，都可以供我們研究從前文化以不少的資料。

然而近代各國對於美術一事，亦視爲與其他道德教育之性質同，即一方積極的提倡，他方則消極的取締。其關於提倡者，如所謂博物館指導（Museumführungen）以及巡迴博物館（Wandermuseum）等之設備是。前者專爲勞動者及下層階級之人而設，免費發給入場券，並募集參加之人員中設專門講師，以爲指導說明。後者則爲普遍觀覽之辦法。

至於消極取締方面，則如淫畫等之禁止，在晚近各國，大抵法律上皆有明文規定。然亦有因審美的觀念不同，以致發生取締標準間之爭議者，如人體寫生一事，在我國前數年尙爲人所排斥而痛詆爲有傷風化，一時且成爲新聞上的喧爭材料，今則此種觀念已稍稍移易，不致「相驚以伯有」矣。

## 五　通俗娛樂場所

娛樂的對象和知識程度道德程度的高下，大抵是成爲一種比例的。這種通俗娛樂場所，實爲一般國民暇時消遣的唯一的地方，尤其是中下層階級的人，工作之餘，卽羣集於此。倘能利用這種地方來宣揚道德教育，到能發生很大的效力，不過第一層得要顧慮到他們的興趣，否則，吸引力便要保持不住的。

通俗娛樂場所的範圍甚廣，除茶樓酒肆外，如劇場，電影館，遊藝場，書場，雜耍場，樂子館，魔術，戲法，西洋鏡等等，名色繁多，不勝枚舉。這種娛樂場所，要皆以營業爲目的，祇要能吸收觀衆，卽不惜想出種種惡劣的方法，以迎合顧主的心理。因之傷風敗俗之事，亦以出於此種之娛樂場所者爲最多。除誨淫誨盜外，如舊式戲法中且有種種殘忍的表演。種類旣雜，取締亦非易易。

歐西各國對於此種場所雖亦厲行取締，但亦無法可以廓清。遊其地來歸之人，且謂彼土之弊風，猶遠勝於我國。然嘗閱從前德國中等學校學生取締規則，則不可謂其國教育家於此事未費苦心。茲舉數條以爲例證，如「學生無事不得在街上遊逛，」「夜間無事不得出自己的居室，」「學生非有其父母或長輩在場不得單獨入茶樓酒肆，」「無論何種場合均不得藉故出入酒館及公共娛樂場所。」觀上述之規定，可知他們對於青年學生的監視是如何的嚴厲了。

本章各節所述，殊有過於簡略之嫌，初意本想將東西各國的實際情況加以比較，祇因材料不易蒐集，而又窘於篇幅，誠所謂聊備一格而已，尚希讀者諒之！

## 参考書目

一 John Dewey—Human Nature and Conduct.
二 —Democracy and Education.
三 Everett—Moral Values.
四 Muirhead—The Elements of Ethics.
五 Kropotokin—Ethics, Origin and Development.
六 Karl Kautsky—Ethics and Materialistic Conception of History.
七 Graves—A History of Education in Modern Times.
八 Key—The Century of the Child.
九 Spencer—Education: Intellectual, Moral, and Physical.
十 Bigelow—Sex-Education.
十一 Adamson—The Individual and the Environment.
十二 Curtis—Education through Play.
十三 Thorndike—Animal Intelligence.

十四　The Original Nature of Man.

十五　The Psychology of Learning.

十六　Dilthey—über die Möglichkeit einer allgemeingültigen Pädagogischen Wissenschaft.

十七　野田義夫——教育學概論

十八　——歐美諸國國民性之研究

十九　吉田熊次——社會教育

二十　——教育學原論

二十一　乙竹岩造——文化教育的新研究

二十二　森岡常藏——教育學精義

二十三　松本亦太郎——教育心理學

二十四　中島半次郎——英美德法國民教育之比較研究

二十五　丘淺次郎——進化論講話

二十六　吉田靜致——倫理學精義